JN412487

신비로운
생명이야기

초판발행 2019년 8월 19일
저자 문홍모
발행인 나영옥
펴낸 곳 도서출판 **영**
주소 경기도 고양시 일산서구 탄현로 133, 113동 1404호
(탄현동, 일산임광진흥아파트)
전화 031) 904-7905~6
팩스 031) 904-7907
등록번호 825-90-00389
E-mail youngpub@naver.com
ISBN 979-11-88743-51-3 (93470)
정가 20,000원

지은이 / 문홍모
HongMo Moon, Ph., D

차례

머리말

생명이야기는 몇 가지 생명체와 생명 현상에 관한 것이다. 지금까지 생명과학자들이 연구를 통해 알아낸 깊이 있고 어려운 방대한 연구결과로 얻어낸 사실의 일부에 관한 이야기이다. 이들을 모두 취급하는 것은 불가능하고 일부도 알기 쉽게 이야기하기가 쉽지 않았다. 특히 많은 학술 용어를 그대로 사용해야 하는지 재고하지 않을 수 없었다. 장편소설을 읽을 때 등장인물이 불과 10여명만 되어도 이름을 기억하고 특성을 파악하는 게 쉽지 않은 내가 수백 개의 학술 용어가 등장하는 이야기를 한다는 것이 몹시 부담스러웠다. 특히 학술 용어의 우리말 번역이 쉽지 않았다. 이런 이유로 과학계의 국제적 언어인 영어를 그대로 사용한 경우가 많다. 발음은 큰 문제가 아니다. 정확하게 발음하면 좋으나 비슷하면 된다. 예를 들면 마이토콘드리아(Mitochondria)를 우리나라에선 미토콘드리아라 읽는다. 옛날부터 독일식 발음으로 읽어왔기 때문이다. 내용을 어느 깊이까지 할 것인가도 문제였다. 그

머리말

/

러나 제목을 '이야기'라고 정한 이상 너무 학문적으로 깊이 들어가 전문서적처럼 기술하지는 않았다. 그렇다고 상식 이하의 속된 이야기만 할 수도 없는 노릇이었다. 최근에 진행되고 있는 일들에 대해 이야기하다 보니 단편적이지만 복잡한 지경까지 들어갈 때도 있었다. 제1장에서는 생명체의 수명이 왜 제한적일 수밖에 없는지 간략하게 이야기했다. 제2장에서는 이 세상에서 가장 모자라는 바이러스들이 인간에게 아주 큰 영향력을 행사하고 있고 인간 유전체의 절반을 이놈들이 차지하고 있다는 사실을 이야기했다. 제3장에서는 우리 몸에 살고 있는 세균들이 수적으로 우리 몸을 이루는 세포 수보다 10배나 더 많다는 것과 건강에 막대한 영향력을 행사하고 있음을 이야기했다. 제4장에서는 생명 현상에서 가장 기본적인 유전자 발현에 관해 이야기했다. 제5장에서는 '김삿갓 DNA'라는 제목 하에 인간 유전체에 옮겨다니는 DNA 조각에 관해 이야기했는데, 이들 역시 생명 현상에 상당

머리말

/

한 영향력을 행사하고 있다. 제6장에서는 암과 암 유전자, 그리고 최근 암 치료제 개발 동향을, 제7장에서는 우리 몸의 면역 체계에 관해 각각 이야기했다.

이 책을 만드는 데는 여러분의 도움이 있었다. 한글 수정을 하는 데는 Georgia대학교 생화학과 교수이신 이진규 박사의 부인 이은숙 권사님께서 수고해주셨다. 또한 출판사의 직원들께서는 편집디자인을 멋지게 해주셨다. 이와 함께 아내 양재은 권사(소아과 의사)는 이 책이 나올 수 있도록 음으로 양으로 도와주어서 감사의 뜻을 표한다.

끝으로 이 책이 앞으로 생물학을 전공하려는 학생들에게는 일종의 학습 동기가 되고, 건강에 관심이 있는 분들에게는 정보의 밑거름이 되었으면 하는 바람을 품으며 머리말을 대신하고자 한다.

01
영원한 생명, 유한한 생명

Chapter 01

영원한 생명, 유한한 생명

예부터 우리들에게 가장 근본적인 질문 중의 하나는 왜 인간을 포함한 모든 생명체는 유한한 기한 동안 살다 죽어야 하는가다. 그러나 이 질문은 생물학적 관점에서 보면 온전히 올바른 질문은 아니다. 왜냐하면 생명체는 실은 영원하기 때문이다. 우리 몸은 세포가 기본 단위인데 세포는 결코 새로 만들어지는 법은 없다. 언제부터 이 지구상에 세포가 출현했는지 따질 필요는 없다. 어느 시점인가 생겨난 세포에서부터 세포가 만들어져 나오는 것이지, 세포가 새로 만들어지는 경우는 없다. 따라서 수천 년 전, 혹은 생물학자들이 말하는 대로 수십억 년 전에 세포가 만들어졌다면 우리의 연수는 그때부터다. 물론 한 개체가 사망해서 이 지구상에서 사라지면 그 개체를 이루는 세포 집단은 이 세상에서 영원히 없어진다. 그러나 내 세포는 자식을 통해 그 다음 세대로 이어진다. 다시 말하면 세포는 영원히 살아남는데 나라는 자아는 80~90년 지나면 끝이 난다. 그리고 내 안에 있는 세포는 생명 역사와 같은 수천 년 혹은 수십억 년 역사를 갖고 있는 실체이다. 이는 따지고 보면 묘하고 재미 있다. 세포라는 생명체가 유한한 생명체인 나라는 자아를 계속 배출해가며 영원으로 이어져가고 있기 때문이다. 여기에서 영원이란 실은 대략 50억 년이다. 천문학자들이 계산한 바에 의하면 태양은 50억 년쯤 지나면 핵연료가 소진되어 태양으로서의 역할이 끝난다고 한다. 따라서 50억 년이 되기 전에 지구와 비슷한 행성으로 이주하기 전에는 세포의 영구성도 끝이 날 수밖에 없다. 이제 왜 나라는 존재는 80~90년에 끝이 나야 하는지 알아보려 한다. 첫째는 우리 모두가 외적인 요인, 즉 열역학 제2법칙의 지배 하에 있기 때문이고, 둘째는 내적인 요인, 즉 구조적으로 불완전한 재생 능력 탓이다.

그러면 열역학 제2법칙이란 무엇인가? 이는 우주 안에 있는 모든 것은 한결같이 무질서 상태로 되어만 가고 결코 자연적으로 무질서에서 질서로 되는 일은 없다는 것이다. 이 자연 법칙을 자세히 알아보기 위해 간단한 실험을 해보는 것으로부터 시작하려 한다. 이 실험에는 밀폐된 두 개의 작은 방과 장미꽃 향기가 강한 향수 한 병만 있으면 된다. 그리고 향수병을 어느 한쪽 방에 놓아두면 된다. 예상대로 향수병의 압축 버튼을 두 번쯤 눌러주면 장미꽃 향기가 그 방에 가득 찬다. 이때 다른 방과 연결된 문을 활짝 열어놓으면 잠시 후 장미꽃 향기가 다른 방까지 퍼져 결국 두 방이 장미꽃 향기로 가득 채워진다. 이렇게 되는 과정을 좀 더 자세히 알아보자. 당초에 향수병을 놓아둔 방의 장미꽃 향기 분자들이 다른 방으로 점차 옮겨가 결국 양쪽 방에 같은 숫자의 분자들로 채워지게 된 것이다. 더 구체적으로 말하면 당초 향수병을 놓아둔 방에 100만 개의 향 분자가 있었다면 일정 시간이 지난 후에는 자연히 각 방에 50만 개씩 나눠진 것이다. 그러나 한쪽 방의 50만 개 분자가 원 상태로 되돌아가서 100만 개 모두가 한쪽 방으로 모이는 일은 결코 일어나지 않는다. 이런 현상을 바로 열역학 제2법칙이라 한다. 열역학 제2법칙의 다른 표현은 엔트로피(Entropy)에 관한 법칙이다. 엔트로피란 온도, 열 에너지처럼 물질의 한 상태를 나타내는 값이다. 엔트로피는 자연상태에선 항상 증가하기만 한다. 이것이 바로 열역학 제2법칙이다. 엔트로피 값은 자연상태에서 절대로 감소하는 법은 없다. 엔트로피 값의 계산법은 오스트리아의 물리학자 Ludwig Boltzmann에 의하여 처음으로 제시되었는데, 그 식은 S=k logW로 간단히 표시된다. 여기에서 S는 엔트로피 값이고, k는 소위 말하는 볼츠만상수(Boltzmann constant)이며, W는 한 체계 안(위의 경우 방 안의 장미향 분자) 분자 혹은 원자의 수와 관계 있는 확률적인 숫자이다. k값은 상수라서 체계에 따라 변하는 숫자가 아니기 때문에 결국 엔트로피(S) 값은 한 체계를 이루고 있는 분자 또는 원자의 수와 비례한다. 또 log 값을 취한 것은 방대한 숫자를 다루어야 해서다. 예를 들면 물 1/5컵(18g)을 끓여 완전 기체화하면 6에다 0을 23개 붙인 것보다 더 많은 수의 물 분자가 만들어진다. 이 어마어마한 숫자는 대략 이 우주에 있는 천체의 수와 맞먹는다고 한다. 이 숫자를 log로 표시하면 23

log 6이다(log 100=2, log 1000=3). log 6은 계산기에서 쉽게 찾을 수 있다 6에 다 0을 23개 붙인 수에 비해 23 log 6은 간략하다. 여하튼 W(W=N!/n1!xn2!, N은 총 분자 수, 위의 경우 100만 개, n1은 당초 향수병을 놓은 방의 분자 수(N - n2), n2는 다른 방의 분자 수, !는 수학에서 factorial이라는 부호인데 예로서 4!은 4×3×2×1이다, N!=N 이하의 모든 수를 곱한 값이다)는 취급하는 분자의 수로부터 계산하는데 위에서 제시한 실험의 경우 100만 개의 분자들이 양쪽 방에 같은 수 50만 개씩 분포했을 때 W값이 제일 크다. 따라서 위의 식으로부터 계산한 S값, 즉 엔트로피 값이 제일 크다. 당초 100만 개의 분자가 한 방에 들어 있을 때 엔트로피 값은 0이다. 다시 말하면 처음 상태에서 엔트로피 값은 제일 작고 장미향 분자가 양쪽 방에 고루 퍼지게 되면 최대값에 도달하게 되는 것이다. 실제로 생명체처럼 복잡하고 방대한 구조로 된 것의 엔트로피 값 계산은 쉬운 일이 아니다. 생명체는 살아 있을 때는 엔트로피 값이 제일 낮고 죽으면 높아지는 것이 자연의 이치이다. 여하튼 분자의 숫자로부터 엔트로피 값을 계산하는 것이 가장 기본적인 방법인데 1877년 Boltzmann에 의해서 제시된 Boltzmann 방정식으로부터 계산이 가능하게 되었다. 그 당시에는 물질이 원자, 분자로 이루어졌다는 개념이 확실히 정립되지 않은 상태라서 한 체계의 구성 원자, 분자의 입자 수로부터 엔트로피 값을 구할 수 있다는 개념이 학자들 사이에선 납득이 잘 안 되어 제대로 대접을 받지 못했으며 동료 학자들로부터 조롱을 받기까지 했던 모양이다. 그래서 결국 Boltzmann은 자살했다고 한다. 그러나 오스트리아에 있는 이 천재 학자의 묘비에 그의 방정식 S=k logW가 새겨져 지금까지 남아 있다고 한다. 여하튼 한 체계의 엔트로피는 자연상태에선 예외 없이 항상 증가만 한다. 자연상태에서 절대로 감소하는 법은 없다. 이것이 열역학 제2법칙의 골자이다. 그리고 위의 실험에서 장미향 분자의 상태를 보면 엔트로피 값이 증가함에 따라 분자들은 점점 더 Chaos(카오스, 영어식 발음은 케이아스) 상태로 된다. 그래서 열역학 제2법칙에 따르면 자연상태에서 이 세상 모든 것은 케이아스 상태로 변해간다고 진술할 수도 있다. 자연상태에서는 절대로 케이아스 상태에서 잘 정돈된 상태로 되돌아가지 않는다.

이제 한 가지 더 짚고 갈 것이 있다. 두 방에 고루 퍼져 있는 장미향 분자를 다시 한쪽 방에 몰아넣을 수 있느냐 하는 것이다. 이는 다시 말하면 엔트로피 값을 줄여나가서 원래 상태, 즉 0으로 되돌리는 것이 가능한가 하는 문제이다. 결론부터 말하면 가능하다. 상식적으로 방에 빈틈없이 들어맞는 피스톤을 만들어 한쪽 방에서 다른 방으로 밀어 넣으면 결국 모든 장미향 분자가 한쪽 방으로 모이게 될 것이다. 무슨 말이냐 하면 일단 혼란해진 상태를 좀 더 정돈된 상태로 되돌리는 것, 즉 높은 엔트로피 상태에서 낮은 엔트로피 상태로 만드는 것이 자연적으로는 불가능하지만 작업을 가하면 가능해진다는 것이다. 그러면 작업, 즉 일은 어떻게 얻어지는 것인가? 예를 들어 무거운 자동차를 한 지점에서 다른 지점으로 움직이는 일을 생각해보자. 간략하게 말하면 자동차에 장치되어 있는 하나의 통 속에 피스톤을 밀어넣은 후 통 속에서 휘발유를 폭발적으로 연소하면 그 강력한 폭발력이 피스톤을 밀어낸다. 이런 식으로 몇 개의 통을 잘 고안된 회

전반(Crank)에 연결해 계속 휘발유를 연소하면 자동차 바퀴가 돌아가게 될 것이고 자동차는 한 지점에서 다른 곳으로 옮겨지게 된다. 이를 자세히 살펴보면 휘발유에 화학 결합 상태로 들어 있던 에너지가 휘발유의 연소에 의해 방출된 폭발적 힘을 이용해 회전반을 돌려 일이 성사된 것이다. 휘발유의 관점에서 보면 엔트로피 값이 대폭적으로 증가해서 더 이상 에너지 공급원으로 사용 불가능한 이산화탄소와 물 같은 물질로 변했으나 이 과정에서 방출된 에너지를 이용해 필요한 일, 즉 질서가 얻어졌다. 에너지 효율은 여기에서 생각해볼 문제는 아니다. 우리의 관심은 한쪽, 즉 휘발유는 그 엔트로피 값이 크게 증가해 무용지물로 변했지만 다른 한쪽, 즉 자동차는 이 과정에서 질서, 즉 유용한 일이 이루어진 것이다. 우리 몸 안에서 일어나는 모든 생화학 반응을 포함해 이 우주 안에서 일어나는 모든 일들이 이런 방식으로 이루어지고 있다. 다시 말하면 한편에서 엔트로피 값이 계속 유지 혹은 내려가려면, 즉 질서가 유지되든지 새로운 차원의 높은 질서가 만들어지려면, 반드시 다른 한편에서 엔트로피 값, 즉 무질서가 크게 증가하는 상황에서만 가능하다는 것이다. 이것이 열역학 제2법칙이다. 다른 물리화학적 법칙도 그러하지만 이 법칙은 이 우주 안에서 참으로 무소부재하다. 모든 만물은 자연상태에선 계속 퇴폐되어가고 있다. 이 때문에 생명체(나)도 예외 없이 무질서 상태로 이전되어가고 있으며 유한한 기한을 가질 수밖에 없다. 나는 개인적으로 천국에는 열역학 제2법칙이 존재하지 않으리라 믿고 있다. 이제 좀 더 자세히 알아보자. 생명체의 무상함은 열역학 제2법칙의 지배를 받고 있기 때문이라 해도 과언이 아니다. 수만 개의 생화학적 물질은 생명체의 기본 단위인 세포라는 1mm의 100분의 1 정도 되는 주머니 속에서 계속 질서를 유지하기 위해 수천 개의 생화학 반응을 진행해나가고 있다. 인간의 경우 60~100조 개의 세포가 일사분란하게 모여 이루어져 있기 때문에 열역학 제2법칙의 관점에서 보면 한순간도 지탱하기 어려운 존재이다. 계속 무질서로 이끌어가려는 경향, 즉 높은 엔트로피 값으로 이끌어가려는 욕구가 너무 크다. 열역학적으로 모든 생명체는 한마디로 높은 차원의 불평형 상태에 있는 것이다. 이런 불평형 상태를 계속 유지하는 유일한 방법은 앞에서 말한 대로 휘발유처럼 높은 에너지를 보유한 물질의 엔트로피를 크게 증가시킬 때 얻어지는 에너지를 계속 공급해주는 것이다. 물론 생명체가 휘발유를 사용할 수는 없다. 생명체는 탄수화물이란 화학물질로부터 에너지를 얻는다. 여하튼 생명체는 불평형 상태를 유지하지 못하고 평형 상태로 가면 죽는 것이다. 쉬운 예로서 우리 몸의 온도는 37℃를 유지해야 하는데 상온(25℃)처럼 평형 상태가 이루어지면 더 이상 살아 있는 것이 아니다. 세포 안에서 일어나는 수천 개의 생화학 반응은 체온을 37℃로 유지하기 위해서이기도 하지만 그 외에 여러 가지 전체적으로 생명체의 질서(Order, 낮은 엔트로피)를 유지하는 것과 적절한 요구에 따른 세포 증식(간세포, 생식세포)에 필요하기 때문이다. 따라서 질서는 다양한 생명체에 독특한 구조적 질서 및 온전성(Integrity)을 의미하는데 핵, 염색체, DNA, 여러 종류의 생체막(Membrane structure), 마이토콘드리아 등의 온전성을 말하는 것이다. 이들에게 조금이라도 손상이 있든지 구조적 변화가 생기면 곧바로 보수해 원상 복구해야 한다. 그러지 못하면 세포는 죽어나가야 하고, 많은 경우 죽은 세포는 새로 분열되어 나온 세포로 보충되어야 한다. 다시 말하면 우리의 상상을 초월하는 복잡한 구조와 다수의 생화학적 분자들이 질서정연하게 배치되어 있는 세포는 질서-낮은 엔트로피-생명, 무질서-높은 엔트로피-죽음으로 표현된다. 실제로 생명과 죽음 사이의 변화는 극단적이고, 살아 있는 세포 안에서는 질서와 무질서 사이에서 여러 단계의 점차적 변화가 계속 일어나고 있다. 따라서 무질서로 기울어지면 바로 원상 복구되어야 생명이 유지되는 것이다. 생명이 유지되려면 반드시 어느 한계점을 넘지 않는 범위에서 생명체 안에서 질서와 무질서가 반복된다. 이런 일들이 차질 없이 일어나려면 우선 외부에서 공급되든지 자체 내에서 생산 · 공급이 이루어지든지 필요한 모든 원료물질이 계속 공급되어야 한다. 둘째로 원료물질의 생산과 이들을 이용한 보수 작업을 실행하는 데는 대부분의 경우 에너지의 공급이 동반되어야 가능하다. 그런데 인간은 다른 많은 생명체처럼 자급자족이 이루어지지 못하고 있다. 예를 들면 단백질은 20개의 아미노산이 직접적인 원료물질인데 인간은 이들 중 12종의 아미노산은 자체 생산 가능하지만 나머지 8종(Essential amino acid)은 다른 동물이나 식물이 만든 것을 어떤 방법으로든 외부에서 공급받아야 한다. 그리고 아미노산들을 사용하여 단백질을 만들어낼 때 에너지가 소요된다. 이 에너지 역시 외부에서 주로 탄수화물이나 지방의 형태로 공급이 이루어져야 한다. 이런 문제는 우리 인간뿐 아니라 식물을 제외한 모든 동물과 대부분의 미생물들이 해결해야 할 생존의 필수 요건이다. 그런데 이로 인해 야기되는 문제들은 참으로 아름답지 못하다. 동물들은 서로 살생해야 하고, 미생물들은 다른 생명체를 괴롭혀야 하며 살기 위해 숙주에 심각한 병을 일으키기도 한다. 이에 반해 식물은 참으로 아름답다. 토양에서 뿌리를 통해 흡수하는 물과 질소, 인산 등 무기물질을 이용하며, 태양광 에너지를 고정해 이산화탄소(CO_2)와 물을 소재로 탄수화물을 만들며 이로부터 지방, 단백질 등 살아가는 데 필요한 모든 유기물질을 자체 내에서 만들어낸다. 그래서 이 지구상에 존재하는 모든 생화학적 유기물질은 궁극적으로 식물로부터 유래한다고 볼 수 있다. 물론 동물 세포도 독특한 유기물질을 만들 수 있으나 식물이 제공하는 원료가 없이는 불가능하다. 또한 식물을 제외한 모든 생명체가 사용하는 에너지 공급원 역시 식물이 태양광 에너지를 생화학 분자들의 원소 결합 에너지로 전환해 저장한 것이라 할 수 있다. 현재 이 지구상에서 사용되는 모든 에너지는 원자를 쪼갤 때 얻는 에너지(원자를 형성하는 소립자의 결합 에너지는 분자 내 원자들의 결합 에너지보다 훨씬 크다)를 제외하고는 식물이 태양광 에너지를 고정해 얻은 유기물질의 분자를 쪼갤 때 방출하는 에너지이다. 앞에서 에너지 공급 물질로 휘발유를 언급했는데 이 역시 옛날에 식물이 태양광 에너지를 탄수화물의 화학 결합 에너지 형태로 고정한 것이다. 생물체는 앞에서 말한 대로 탄수화물을 에너지 공급원으로 사용하는데, 세포 내에서 탄수화물을 산화해 최종 산물인 물과 이산화탄소로 전환하는 과정에서 ATP(Adenosine triphosphate)라는 높은 에너지 화합물을 생산해 여러 가지 에너지를 필요로 하는 생화학 반응에서 사용하거나 운동 에너지로 사용한다. 이는 마치 우리가 일상생활에서 전기를 에너지의 원천으로 사용하는 것처럼 생명체의 모든 에너지 공급은 대부분 ATP의 형태로 이루어진다. 전기가 화력발전소에서 석탄이나 천연가스를 연소해 만들어지는 것과 흡사하게 생명체는 탄수화물을 단계적으로 연소해 ATP를 얻는다. 그리고 종류는 다르나 화력발전소나 생명체가 사용하는 연료는 모두 탄수화물이며 연소의 최종 산물은 모두 탄소(이산화탄소, 일산화탄소)와 물이다. 이처럼 인간들은 에너지의 근원으로서 식물이 만든 탄수화물을 사용하는 것이다. 실제로 식물이 광합성을 통해 1년간 고정하는 탄소의 양은 1,000억 톤에 이른다고 하니 식물은 대단한 일을 하고 있는 것이다. 식물은 식물을 제외한 모든 생물들이 생명 현상을 유지하는 데 필요한 물질과 에너지의 공급을 도맡아하며, 특히 인간의 모든 활동에 필요한 에너지를 공급하고 있는 것이다. 하나님께서 인간을 식물 다음 맨 나중에 창조하신 데는 이유가 있다. 그러나 한발 더 나아가 하나님께서 만약 인간의 머리털을 검은색 대신에 식물처럼 광합성을 할 수 있는 엽록체(Chloroplast)로 꽉 들어차게 만드셨더라면 인간도 모든 것을 자급자족할 수 있었을 것이다. 물론 다른 생명체들도 비슷한 방법으로 살아가도록 만드셨다면 이 세상에서 식량문제는 있을 수도 없고 생명체들 간에 평화로운 공존이 가능했을 것이다. 참으로 낙원에 가까운 세상이 아닐까 생각해본다. 다른 한편으로는 더 극단적으로 열역학 제2법칙을 이 우주에 부과하지 않았다고 하면 생물들 간에 서로 해치지 않고 평화롭게 살아갈 수 있는 것은 물론 생명체는 그 수명이 수백 년, 수천 년 혹은 영생이 가능했을지도 모른다. 그런 이유 때문에 천국은 열역학 제2법칙이 해당되지 않는 곳일 수 있다고 앞에서 말했던 것이다. 그러나 현실은 두 문제가 모두 존재하는 가혹한 세상이다. 이제 다시 영생의 문제로 돌아 가보자. 지금까지 살펴본 바에 의하면 우리 몸을 구성하는 세포의 재생 능력이 얼마나 완벽하냐가 전체 생명체의 수명을 결정하는 것 같다. 다시 말하면 우리 몸을 이루고 있는 세포가 얼마나 오랫동안 건전한 상태를 유지할 수 있느냐가 생명체의 수명을 결정하는 가장 중요한 요인이 된다는 것이다. 일반적으로 몸에서 채취한 섬유아세포(Fibroblast)는 실험실에서 배양할 때 대략 50회 정도 분열하면 더 이상 분열 능력을 상실하고 결국 죽게 된다. 물론 실제 우리 몸 안에서의 상황은 다르다. 조직마다 죽어나가는 세포는 간세포가 분열해 보충되는데 간세포는 분열한 다음 일부는 간세포로 남아 50계대(Generation)를 넘어 계속 세포 분열 능력을 유지한다. 그러나 이 역시 한계가 있는 것 같다. 어느 한계를 지나 늙게 되면 간세포의 분열 능력이 줄어들어 100% 보충 능력을 상실하고 점점 감소한다. 그런데 2009년 노벨상을 수상한 Elizabeth Blackburn 박사에 의하면 이처럼 세포가 늙어 활성이 감퇴하는 이유는 염색체 구조의 일부인 텔로미어(Telomere)의 길이가 줄어들기 때문이다. 텔로미어는 그 DNA 한 가닥이 Cn(A or T) m(n은 1보다 큰 수이고 m은 1에서 4사이의 수)로 된 DNA의 반복으로 된 긴 DNA인데 예를 들면 n=3이고 m=2이면 CCCAACCCAA----가 한 가닥이고 상대 가닥은 GGGTTGGGTT---인데 이처럼 간단한 구조가 반복되어 이루어진 독특한 DNA 가닥이 텔로미어이다. 그 길이가 인간은 5~15kb(염기 수가 5,000~1만 5,000쌍)이고 생물종에 따라 길이가 다르다. 그리고 그것의 주 역할은 DNA 끝을 온전하게 보호하는 것이다. 그래서 염색체(Chromosome)의 끝에는 반드시 텔로미어가 있어야 염색체의 온전함을 유지할 수 있게 된다. 그런데 세포분열을 할 때마다 끝이 소실되어 점점 짧아지게 되고 결국 어느 길이 이하로 되면 세포는 더 이상 분열을 할 수 없게 된다. 따라서 세포가 분열 능력을 유지하려면 계속 텔로미어의 길이를 늘릴 수 있어야 한다. 그런데 텔로미어의 길이를 늘리는 효소를 처음 발견한 사람이 바로 Blackburn 박사이다. 이 분이 연구 소재로 사용한 생물은 물속에 사는 단세포생물(Tetrahy-mena)이다. 이 생물은 아주 작은 염색체를 갖고 있는데 염색체가 무려 2만 개나 된다고 한다. 물론 이들 2만 개는 모두 끝에 텔로미어를 달고 있으며 정상적으로 계속 세포 분열에 의해 증식하는데 매 분열마다 상실하는 텔로미어를 복구해야 한다. 이런 생물이 텔로미어를 연구하기에 얼마나 좋은 실험 대상인가? 텔로미어를 복구하는 효소 텔로머라아제(Telomerase)를 찾아내기에 적합한 실험 재료가 바로 오염된 물웅덩이에 살고 있는 테트라히메나였다. 생물학자는 때로는 더러운 일에도 팔을 걷고 달라붙어야 한다. Blackburn 박사는 노벨상을 수상했다. 인간의 염색체는 46개, 양끝에 달고 있는 텔로미어는 92개이나 테트라히메나의 염색체는 2만 개, 양끝에 달고 있는 텔로미어는 4만 개다. 아마도 테트라히메나 세포 속에는 텔로머라아제라는 효소가 인간 세포 속의 것보다 많을 것이 뻔하다. 하나의 효소를 발견한 것 자체가 노벨상을 받을 만한 일은 아니다. 그러나 그 효소가 얼마나 중요한 것이냐가 문제다. 이 효소가 생명체의 노화 현상과 관련이 있는 것이다. 앞에서 말한 대로 텔로미어의 길이가 생물에 따라 일정 이하로 줄어들면 세포 분열 능력이 감소하고 더 짧아지면 결국 더 이상 세포 분열은 못하고 증식 능력, 즉 재생 능력이 정지된다. 그런데 테트라히메나나 생식 세포 같은 세포는 계속 분열이 가능한데, 이는 매 세포 분열마다 줄어드는 텔로미어의 길이를 텔로머라아제가 복구시켜 놓기 때문이다. 다시 말하면 세포, 즉 생명체의 노화 현상은 텔로미어의 길이가 짧아지는 현상이다. 그리고 이 길이를 계속 유지시키는 것이 텔로머라아제가 하는 일이다. 그렇다면 진시황제가 찾던 불로초를 21세기에 비로소 찾은 것인가? 그렇지는 않은 것 같다. 암세포로의 진전의 한 요건이 텔로머라아제의 활성화다. 그러므로 인간의 수명을 연장하기 위해 텔로머라아제를 생명공학 기술로 조절하려는 시도는 시기상조인 것 같다. 그러나 그날이 올 때까지 우리가 어느 기간 동안 텔로미어를 건전하게 유지하는 방법은 있다고 한다. Blackburn 박사에 의하면 우리가 살아가는 방법과 텔로미어의 길이 유지는 서로 무관하지 않다. 일반적으로 인간의 경우 텔로미어의 길이는 태어날 때 대략 1만 bp(DNA의 염기 수가 1만쌍)이며 35세가 되면 7,500bp로 줄어들고 65세에는 4,800bp로 된다고 한다. 그런데 텔로미어의 길이는 개개인마다 다르고 노화 현상과 비례한다고 한다. 극단적인 예로 유전적으로 조기노화병 환자가 있는데 이들은 태어날 때 텔로미어의 길이가 짧다고 한다. 이들은 조기에 여러 가지 노화 증상이 나타나고 성년이 되기 전에 사망하게 된다. 인간에게서 4대 사망과 관련된 병이 심장질환, 암, 호흡기질환, 뇌혈관질환인데 텔로미어의 길이가 줄어드는 것과 대략 비례해 60세가 지나면서 이들과 관련된 사망률이 가파르게 증가한다고 한다. 그런데 Blackburn 박사에 의하면 텔로미어의 길이를 오래 보존하는 방법은 적당한 운동, 건강한 식생활이 중요하며 마음가짐이 무엇보다 중요하다. 특히 일상생활에서 받는 스트레스에 대한 대처 능력이 중요하다고 한다. 여러 가지 보고에 의하면 통계적으로 기독교 신자들의 심장질환이 현저하게 낮았는데 이는 그들이 스트레스에 대한 대처 능력을 갖고 있기 때문이다. 텔로미어의 길이를 보존하는 방법은 앞에서 말한 여러 가지 요인도 중요하지만 살아가면서 접하는 어려움, 즉 사랑하는 사람을 잃었다든지 하는 극도의 상황을 극복하고 삶의 기쁨을 회복하는 능력이 가장 중요하다고 한다. 그리고 명상의 중요성을 강조했다. 이야기가 길어졌지만 한마디로 표현하면 성경 말씀대로 살면 영락없이 텔로미어의 길이를 오래 보존할 수 있다. 마치 광선이 블랙홀 같은 강한 중력장을 지날 때 굽어 지나가는 것처럼 열역학 제2법칙도 전능자가 원하는 대로 사는 사람에게 적용될 때는 굽어 스쳐가는 모양일 것이다.

시편 23편

여호와는 나의 목자시니
내가 부족함이 없으리로다
그가 나를 푸른 초장에 누이시며
쉴 만한 물가로 인도하시는도다
내 영혼을 소생시키시고
자기 이름을 위하여 의의 길로 인도하시는도다
내가 사망의 음침한 골짜기로 다닐지라도 해를 두려워하지 않을 것은
주께서 나와 함께 하심이라 주의 지팡이와 막대기가 나를 안위하시나이다
주께서 내 원수의 목전에서 내게 상을 베푸시고
기름으로 내 머리에 바르셨으니 내 잔이 넘치나이다
나의 평생에 선하심과 인자하심이 정령 나를 따르리니
내가 여호와의 집에 영원이 거하리로다

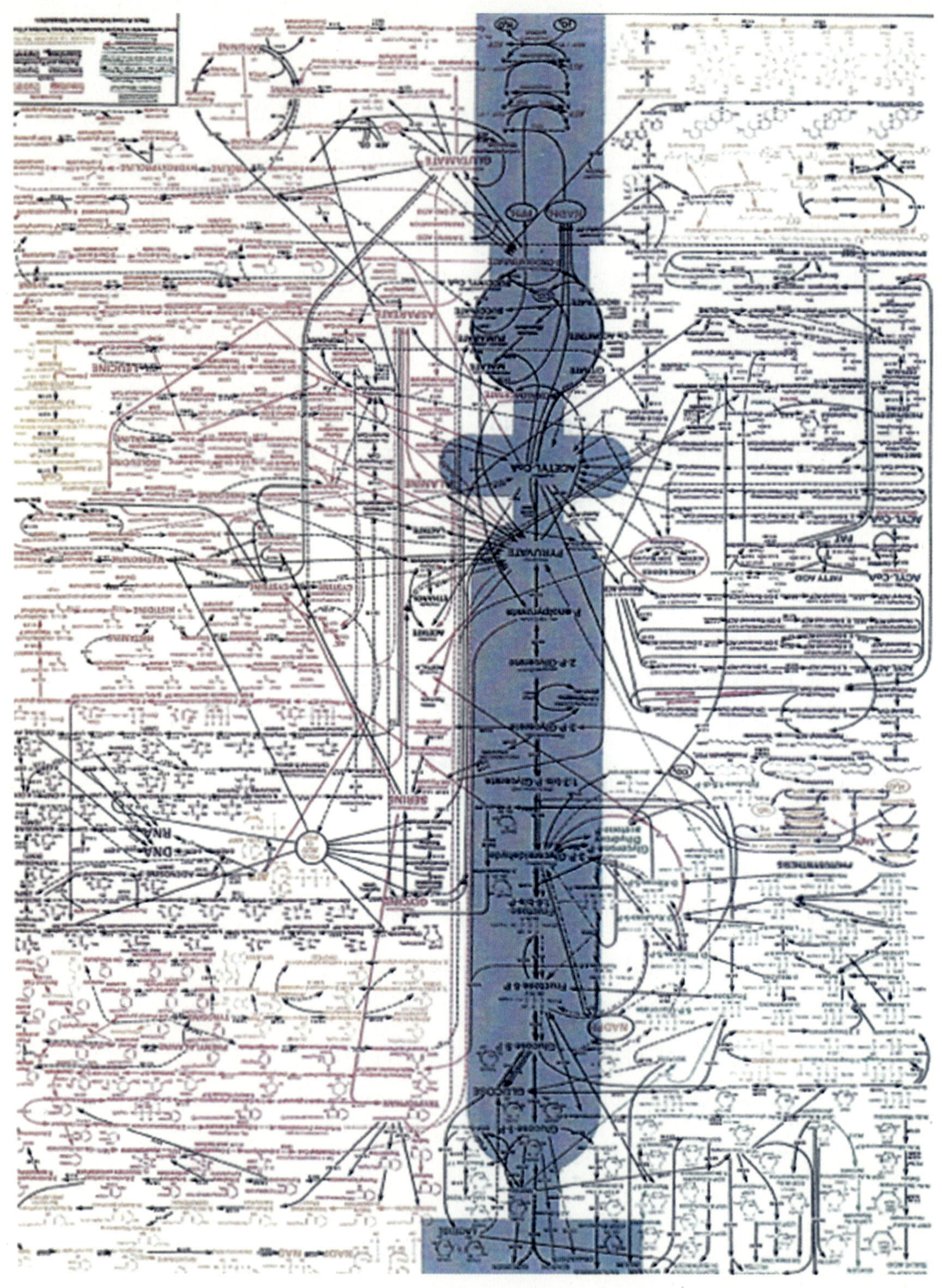

▲ 그림은 1mm의 100분의 1 크기의 세포란 주머니 속에서 일어나는 수 천 개의 생화학반응의 일부를 보여준다.

02
모자라는 놈들

Chapter 02

모자라는 놈들

이제 우리는 이 우주 안에 있는 모든 것이 열역학 제2법칙의 지배를 받고 있다는 것을 알게 됐다. 시간이 흐름에 따라 모든 것은 예외 없이 점차적으로 무질서로 되어간다. 물론 생명체도 예외는 아니다. 특히 생명체는 그 생명을 유지하려면 쉬지 않고 무질서로의 진행을 막아서 질서를 유지해야 한다. 그런데 앞에서 말한 것처럼 인간을 포함한 대부분의 생명체는 이에 필요한 조건을 스스로 구비하지 못하고 있기 때문에 다른 생명체로부터 필요한 물질을 얻거나 아예 다른 생명체와 더불어 살고 있다. 다시 말하면 정도 차이는 있으나 식물을 제외한 대부분의 생명체는 '모자라는 놈들'이다. 그 중에서도 우리가 잘 알고 있는 바이러스는 아마도 가장 모자라는 놈들일 것이다. 이들은 단백질 표피 속 유전체

(DNA, RNA)와 숙주세포에 들어가 세포가 하는 모든 일을 자기번식에 필요한 일로 바꾸어놓을 수 있는 기능만 갖고 있는, 전자현미경으로만 관찰이 가능한 미세한 놈들이다. 그럼에도 불구하고 수적으로 보면 이 지구상에서 가장 우세한 놈들이다. 이들은 땅 위에, 땅속에, 바다를 포함한 물속에, 공기 중에, 생명체 안에 말 그대로 무소부재이다. 그리고 천문학에서만 큰 숫자를 다루는 것이 아니라 바이러스에서도 마찬가지이다. 예를 들면 B형 간염 바이러스 만성 보균자 한 사람 속에는 5에다 0을 14개 붙인 수, 즉 50조(인간의 혈액을 5리터로 계산했음을) 마리의 바이러스가 있다. 전 세계 활성 보균자 수가 1,000만이면 0이 7개가 더해지니 5×10의 21승 마리의 B형 간염 바이러스가 있는 셈이다. 물론 모든 바이러스가 B형 간염 바이러스처럼 많은 수의 바이러스를 생산해내지는 못하지만 지구상에는 B형 간염 바이러스 외에 수천 종의 바이러스가 있으니 바이러스의 세상이라 해도 과언이 아니다. 그리고 이들이 우리에게 주는 영향은 대단하다. 잘 아는 바와 같이 거의 매년 우리나라의 양계 농장에서 조류독감 바이러스 감염이 큰 문제가 되고 있으며 구제역 바이러스 감염이 자주 심각한 피해를 일으키고 있다. 우리 일상생활에서도 독감, 감기 등으로 인간들을 끊임없이 괴롭히고 있다. 역사적으로 바이러스로 인한 생명의 손실이 전쟁으로 인한 것보다 훨씬 많았다. 물론 경제적 손실도 막대했다. 그러나 바이러스 자체는 한심한 놈들이다. 적극적으로 살 곳을 찾아 움직여 다니지도 못하고, 독자적으로는 번식도 못하며, 다른 숙주세포에 전적으로 의존하는 그야말로 물결 따라 바람 따라 떠돌아 다니는 놈들이다. 적극적으로 옮겨 다니려면 적어도 생명체가 기본으로 사용하는 휘발유

같은 에너지 공급원인 ATP가 있어야 하는데, 식물처럼 태양광 에너지를 이용해 ATP를 만들지 못하고 다른 생명체들처럼 식물이 만든 탄수화물 같은 물질로부터 ATP를 만들어내는 능력도 없다. ATP는 생명체가 살아가는 데 가장 기본적인 물질이다. 생명체가 살아가려면 수만 개의 물질들을 만들어야 하는데 이 물질들은 대부분 에너지가 소요되는 생화학 반응에 의해 만들어지고, 또 생명체들은 필요한 운동을 하게 되는데 이에 소요되는 에너지도 ATP를 통해 조달한다. 그러나 바이러스는 이 물질들을 만들지 못한다. 인간을 포함한 생명체는 필요하면 지방은 물론 단백질까지도 분해해 필요한 양의 ATP를 만들어내야 살아갈 수 있다. 그래서 단식할 때도 비축된 탄수화물이 모두 고갈되면 지방을 분해하고 또 단백질까지도 분해해 ATP를 생산한다. 그래야 숨쉴 수 있고 심장이 뛸 수 있고 생명체의 기본적인 기능들을 유지할 수 있다.

말이 나온 김에 ATP 생산에 관해 좀 더 구체적으로 알아보자. ATP에 저장된 에너지는 궁극적으로는 태양에서 온 에너지이다. 태양광 에너지를 잡을 수 있는 것은 엽록체를 갖고 있는 식물과 일부 미생물뿐이다. 따라서 우리는 식물에 감사해야 하고 소중히 여겨야 한다. 식물들(농작물을 포함)의 세포 속에는 엽록체라는 작은 구조물이 있는데, 이는 광에너지[Photon(광자)이라는 에너지 입자]를 받아 ATP와 NADPH(생명체가 사용하는 ATP 외의 다른 고에너지 분자)를 생산해낸다. 재미있는 것은 이 과정에서도 전기, 즉 전자가 관여한다는 것이다. 우리가 잘 아는 바와 같이 원자는 중심에 양성자(Proton)가 있고 주변에 전자(Electron)가 돌고 있다. 가장 간단한 원자인 수소의 경우 양전하(+)를 갖는 한 개의 양자(양성자)가 중심에 있고 음전하(-)를 띤 전자 하나가 주변을 움직여 다니고 있다. 그런데 이 전자는 광자를 먹을 수도 있고 내놓을 수도 있어 일종의 에너지 전달체로서의 역할이 가능하다. 우리가 일상생활에서 사용하는 전기에서도 생명체에서와 마찬가지로 전자가 에너지 전달체 역할을 한다. 우리가 잘 아는 바와 같이 태양광선은 다양한 에너지를 지닌 광자로 구성되어 있어 프리즘 같은 것을 통과할 때 우리 눈으로 볼 수 있는 최소 7가지 색을 나타내는 광자들로 갈라진다. 이들 각각 다른 색깔은 다른 에너지의 양을 포함하고 있다. 그런데 전자라는 놈이 적당한 에너지를 갖는 광자를 삼키면 흥분 상태로 변해 움직임이 빨라지고 에너지 양에 따라 심하면 원자 궤도에서 벗어나 아예 독립해버린다. 식물의 엽록체는 아주 정교한 구조로 되어 있어서 광자를 받아 물 분자의 수소에서 전자를 빼앗아 독립시키고, 수소는 전자를 뺏겼으니 양자만 남게 되어 더 이상 수소라 하지 않고 양자(Proton)라 한다. 결국 물 분자는 분해되어 전자와 양자로 되고 산소가 배출된다. 결국 엽록체가 이 전자와 양자를 이용하여 ATP와, 다른 생명체가 사용 가능한 고에너지 화합물인 NADPH를 만들어낸다. 총결산을 해보면 물 2개 분자와 8개의 광자와 3개의 ATP 전구체인 ADP와 NADPH의 전구체인 NADP 2개와 인산 3개를 이용해 2개의 NADPH와 3개의 ATP를 만들어내는 것이다. 식물이 생산하는 이 에너지의 기본 물질은 대단히 중요하다. 우리가 일상생활에서 사용하는 대부분의 에너지의 근원, 즉 석탄, 천연가스, 석유 등은 모두 식물이 먼 옛날에 만들어놓은 것들이다. 식물은 지금도 계속해서 이 ATP,

NADPH를 이용해 물과 이산화탄소를 소재로 탄수화물을 생산하고, 또 이 탄수화물을 소재로 단백질, 지방, DNA, RNA 등 생명체에 필수적인 물질을 만들어 낸다.

DNA, RNA라는 말이 나왔는데 바이러스를 비롯해 모든 생명체에 대해 알아보려면 DNA, RNA에 대한 이해가 필수라서 이에 대해서도 몇 가지 기본적인 내용을 알아볼 필요가 있다. 앞에서 말한 ATP 분자는 세 부분으로 되어 있다. 첫째 부위에 놓여 있는 분자가 염기(Base, 5종의 염기가 있음, 아래 참조)이고 여기에 한 개의 5탄당(설탕은 탄소가 6개 있는 당분자이다) 분자가 연결되어 있으며 여기에 1~3개의 인산이 붙어 있다. 그리고 DNA, RNA의 기본 구성 물질은 4개의 각각 다른 염기다. 즉 DNA는 Adenine(A), Guanine(G), Cytosine(C), Thymine(T)이고 RNA는 Thymine 대신에 Uracil(U)이라는 염기를 갖고 있다. DNA와 RNA가 다른 점 또 하나는 DNA에서는 염기에 연결된 둘째 부분인 5탄당이 산소 하나를 적게 갖고 있다는 것이다. 그리고 셋째 부분(인산)은 DNA, RNA 모두 같다. 참고적으로 이들의 명칭을 보면 RNA를 만드는 4개는 Ribonucleotide라 하고 DNA를 만드는 4개는 Deoxyribonucleotide(5탄당인 ribose에 산소가 하나 없다 해서 Deoxy)라 한다. 이제 각각의 명칭을 붙일 수 있는데 Ribonucleotide에는 Adenosine Triphosphate(ATP), Guanosine triphosphate(GTP), Cytidine triphosphate (CTP), Uridine triphosphate(UTP)이 있으며 이들은 RNA(Ribonucleic acid)라는 거대 분자의 건축 벽돌인 셈이다. 즉 염기와 이와 연결된 5탄당, 그리고 이에 연결된 인산으로 된 분자가 반복되어 길고 작은 RNA를 만든다. 그래서 RNA의 분자 서열을 표기할 때 각 Ribonucleotide의 첫 글자, 즉 A, G, C, U를 따서 AUGCCAAAA ---- 식으로 한다. 그리고 DNA(Deoxyribonucleic acid)의 빌딩 블록은 RNA 것들에 Deoxy만 더해 Deoxythymidine triphosphate 등으로 부르며 DNA 분자의 순서도 RNA와 마찬가지로 표기하지만 U 대신 T가 들어간다. 또한 DNA, RNA의 분자 크기는 이들을 만들고 있는 염기의 수로 표기하는 것이 관례이다. 예를 들어 100개의 염기(Base, 줄여서 b로 표기)로 된 RNA를 100b RNA, 혹은 RNA가 두 가닥으로 되어 있으면 100bp(bp는 base pair의 약자)로 표기한다. DNA는 많은 경우 두 가닥으로 되어 있다. 그런데 DNA는 대개 거대 분자이기 때문에 kbp(kilobase, 천 단위)로 표기하거나 더 큰 단위인 100만 단위, 즉 mega bp로 표기하는 경우가 많다. 물론 1kbp는 1,000bp를 의미하고 1 mega bp는 100만 개의 염기가 모인 DNA 혹은 RNA를 말한다. 이런 방식으로 위에서 B형 간염 바이러스를 말할 때 3.2kbp DNA를 유전체로 갖고 있는 DNA 바이러스라고 말했다.

바이러스는 가장 기본이 되는 ATP도 못 만들다 보니 생명체의 가장 기본물질이자 유전체의 근본물질인 DNA, RNA를 만들 자료(염기)도 없고 만드는 데 사용될 에너지도 없으니 이들이 얼마나 모자라는 놈들인지 쉽게 알 수 있다. DNA, RNA를 만든다는 것이 바로 증식인데 바이러스는 독립적으로는 증식도 못한다. 그래서 바이러스를 생명체로 볼 수 있느냐 하는 말이 나오는 것이다. 그런데 한 가지 기억해야 할 것은 바이러스가 생명체의 가장 기본물질인 RNA, DNA를 유전체로 갖고 있으며, 비록 남의 것을 전적으로 이용해 증식하기는 하지만 특정한 바이러스는 착실하게 자기 고유의 DNA, RNA를 복제 증식하므로, 콩 심은 곳에서 결코 팥이 나오지는 않는다는 관점에서 볼 때는 인간이나 다른 생명체와 다를 바 없다고 말할 수 있다.

이처럼 살아가는 데 필요한 모든 것을 전적으로 남에게 의지하는 바이러스라는 놈들이 왜 이 세상에 존재하는지, 그리고 이들이 이 세상에 존재함으로써 초래되는 영향은 어떤 것인지 이제부터 알아보려 한다. 이 세상에 존재하는 바이러스는 대략 4,000종인데 미생물학자들 사이에서는 새로운 바이러스가 난데없이 새로 만들어지지는 않을 것이라는 생각이 우세하다. 바이러스의 단순한 구성을 생각할 때에는 새로운 종의 바이러스가 출현할 것 같은 생각도 들지만 이들은 비록 불과 몇 개 안 되는 유전자(박테리아 이상 고등생물은 수천 내지 수만 개의 유전자를 갖고 있음에 비해 바이러스는 대다수가 100개 미만임)만을 갖고 있기는 하나 대단히 성공적으로 살아가는 놈들이다. 몇 개 안 되는 유전자의 조합과 기능은 거대한 조직을 갖고 있는 생명체보다 오히려 더 살벌한 환경 속에서도 더 성공적으로 살아갈 수 있도록 해준다. 바로 이 점은 새로운 바이러스가 쉽게 출현할 가능성이 적음을 암시한다. 바이러스가 처음 지구상에 출현하게 된 과정에 대해서는 몇 개의 가설이 있으나 다른 생명체처럼 아주 먼 초창기에 간단한 RNA 분자에서 유래했다는 이야기가 설득력을 얻고 있는 것 같다. 여하튼 전혀 새로운 바이러스가 계속 출현하지 않는다는 것은 바이러스와 계속 싸워야 할 우리에겐 좋은 소식일 것이다. 그러나 우리가 잘 알고 있듯이 변종이 계속 생길 가능성은 여전히 우리에게 위협적이다. 뒤에서 자세히 설명하겠지만 HIV(Human Immunodeficiency Virus, AIDS 바이러스)는 SIV(Simian (monkey) Immunodeficiency Virus, 원숭이 AIDS 바이러스)에서 유래한 바이러스이며, 독감 바이러스도 동물에서만 번식하던 것이 변종이 생겨 인간에게 감염된 사례이다. 동물로부터 유래해서 사람에 감염된 바이러스가 사람들 사이에서 유행하는 바이러스보다 독성이 더 강할 수 있다. 그러나 이런 경우는 바이러스가 새로 만들어지는 게 아니라 이미 존재하고 있던 바이러스의 유전자에 돌연변이가 생겨 출현한 변종이라 할 수 있다.

바이러스가 어떻게 이 세상에 처음 나타났는지는 확실치 않지만 이 놈들은 자기의 유전체를 아주 성공적으로 증식한다. 다시 말하면 이 세상의 동물, 식물, 박테리아 등 세포가 있는 곳에는 육지, 물, 바다, 열대, 한대를 막론하고 모든 곳에 바이러스가 존재하며 수적으로도 단연 우세하다. 우리가 잘 아는 바와 같이 토양, 물, 바닷물 속에는 많은 박테리아가 살고 있는데 바이러스의 수가 박테리아보다 15~25배 더 많다고 한다. 바이러스들을 편의상 크게 나누면 식물 세포에서 증식하는 놈들은 식물 바이러스, 동물 세포에서 증식하는 놈들은 동물 바이러스라 하고, 박테리아에서 자라는 놈들은 박테리오파지(Bacteriophage, 끝에 phage는 Greek어에서 유래한 '먹는다'는 뜻이다)라 한다. 바이러스가 동식물, 미생물 등 세포(단세포, 다세포)로 이루어진 모든 생명체에 미치는 영향은 대단하다. 인류 역사에서도 이들이 앗아간 인간의 생명이 전쟁에서 죽은 숫자보다 월등 많을 것이며 지금도 이러한 위협은 계속되고 있다. 20세기 중에만 천연두(Smallpox)로 사망한 사람의 숫자가 약 5억명에 달한다고 한다. 천연두는 폭스바이러스(Poxvirus)과에 속하는 바이러스에 의한 병인데 효과적인 백신의 개발과 공중위생의 발달로 지금은 지구상에서 없어진 병으로 간주하나 아직도 미국을 포함한 여러 나라에서 유행성 감염이 문제가 되고 있다. 그리고 원숭이와 같은 동물은 원숭이 폭스바이러스에 감염되는 것으로 알려져 있어 언제 다시 변종으로 나타나 사람에게 위협을 가할지는 예측할 수 없다. 실제로 아프리카의 콩고(Congo)에 있는 몇 개의 마을에서 1996~1997년에 원숭이로부터 유래한 원숭이 폭스바이러스가 사람 사이에 전염되었던 예가 있다. 1918~1919년 겨울을 전후해 세계적으로 2,000만~5,000만 명의 인구가 독감으로 인해 사망했는데 그때 유행했던 바이러스가 조류독감에서 유래했던 것으로 판명되었다. 그 후로도 계속 조류, 돼지, 고양이처럼 인간과 밀접한 관계에 있는 동물로부터 유래한 독감 바이러스가 홍콩, 중국 등지에서 출현했으며 2009년에도 멕시코에서 동물로부터 유래한 대유행성 독감 바이러스가 출현했던 예가 있다. 다행히 요즘에는 바이러스를 속히 진단하여 감정이 가능해져 대유행으로 이어지지는 않고 있지만 향후에도 동물로부터 유래한 전염성이 강한 독성 바이러스가 사람과 사람 사이에 출현할 수 있어 계속 위협적인 존재로 남아 있다. 지금도 에이즈 바이러스, C형 · B형 간염 바이러스, 독감 바이러스 등이 매년 수백만 명의 생명을 앗아가고 있으며, 아프리카 지역에서는 에볼라(Ebola) 바이러스가, 사우디아라비아를 중심으로 한 중동

지역에서는 중증 호흡기질환 바이러스(MERS)가, 기타 개발도상국과 개발국에서도 많은 사람들이 소화기 계통 질환과 중요한 암 유발 요인이 되는 바이러스 감염에 시달리고 있다. 여하튼 바이러스라는 놈들은 가장 작은 생명체이지만 이 지구상에서 그 영향력은 전쟁보다 더 위협적이며 어떤 자연 재앙보다도 인간의 생명을 더 많이 앗아가고 있다.

앞으로 자세히 알게 되겠지만 바이러스는 지구상에서 생태계의 한 고리를 이루고 있는 존재로서 생태계에서 중요한 긍정적 역할도 하고 있다. 이 때문에 심지어는 지구상에 바이러스가 없다면 생명체도 없을 것이란 주장도 있다. 재미있는 실험이 있었다. 바닷물에서 바이러스가 제거되면 바이러스에 감염되어 죽는 플랑크톤을 비롯한 미생물이 아주 잘 자랄 것이라고 예측했는데, 반대로 바이러스가 없을 때 오히려 미생물의 숫자가 현저하게 감소했다. 이는 미생물이 미생물을 먹고 살지는 못하나 바이러스가 감염 증식할 때 숙주 미생물 세포를 터뜨려 방출하는 유기물질이 미생물의 영양소가 되기 때문이다. 그리고 우리가 잘 아는 바와 같이 플랑크톤을 포함한 미생물이 작은 물고기의 주식이고, 작은 물고기는 그보다 큰 물고기의 주식인 것을 볼 때, 바이러스가 우리 인간에게 위협적인 존재인 것은 맞지만 바이러스의 긍정적인 면도 있는 것 같다. 하나님은 결코 필요없는 것을 이 세상에 존재하게 하지는 않으시는 것 같다. 바이러스처럼 아주 성가신 놈들도 말이다. 학문적인 측면에서 볼 때 바이러스는 비교적 간단한 놈들이라서 유전자의 발현 단계, DNA · RNA의 생합성 과정 등 많은 분자생물학의 기반이 바이러스의 연구에서 시작되었다. 그리고 백신 개발도 19세기 바이러스 감염에 의한 질병(천연두)의 예방 차원에서 시작되었으며 지금은 암 · 치매 예방 및 치료 백신 개발 등으로 발전해가고 있어 앞으로 바이러스를 이용한 미생물 감염 및 암 치료용 제품으로 개발될 가능성이 높다. 전반적으로 바이러스에 대한 우리들의 깊은 이해는 질병 예방과 감염 치료에 대단히 중요하다.

그러면 바이러스가 어떻게 생긴 놈들인지 그 모양새를 이제부터 알아보려 한다. 바이러스처럼 미세한 놈들이 세포 속에 감염해 자랄 수 있다는 단서는 1892년 러시아의 과학자 드미트리 이바노브스키(Dimitri Ivanovsky)에 의해 처음으로 알려졌다. 그는 담뱃잎에 반점을 일으키는 요소가 박테리아를 걸러낼 수 있는 여과장치를 통과하는 것을 관찰했고 몇 년 후에 담뱃잎에 반점을 일으키는 독특한 병원체가 바로 여과성 미세물질임을 재확인했다. 그 무렵에 미생물학의 시조라 할 수 있는 독일의 코흐(Robert Koch)의 동료 학자들에 의해 족구병(FMD, Foot and Mouth Disease) 역시 박테리아가 아닌 여과성 요소에 의해 전파됨이 확인되었다. 1898년 네덜란드의 Martinus Beijerinick가 그런 감염성 액체를 Contagium vivum fluidum(Contagious living fluid)라 불렀고 그 후에 그것을 바이러스라 부르게 되었다. 바이러스란 놈들은 아주 미세한 크기를 가졌는데 대략적인 개념을 얻기 위해 박테리아의 크기를 축구 경기장에 비교한다면 바이러스는 야구공 크기에서부터 자동차 바퀴 정도 크기를 갖고 있을 것으로 추정된다. 그러나 실제로 바이러스의 크기는 좀 더 다양한데 대략 그들이 갖고 있는 유전체(DNA 혹은 RNA)의 크기에 비례한다. RNA 바이러스는 1.7kb에서 27kb이고, DNA 바이러스는 3.2kbp(B형 간염 바이러스)에서 230kbp(Poxvirus)이지만 최근에 아메바 세포에서 발견된 Mimivirus란 놈은 무려 1.2 mega bp로 된 유전체를 갖고 있다. 이들이 갖고 있는 모양새는 다양하다. 전자현미경을 통해서만 바이러스의 모양새를 볼 수 있는데 그 생김새는 아주 섬세하고 아름답다. 모양새에 따라 대다수의 바이러스는 크게 세 가지로 분류된다 첫째는 나선형(예: TMV, Tobacco Mosaic Virus), 둘째는 20면체(Icosahedral)의 지구관측소처럼 둥근 형태(예: STNV, Satellite Tobacco Necrosis Virus, 세균 바이러스), 셋째는 소수의 예외(폭스바이러스 같은)로 복합형 구조를 갖는다. 바이러스 입자는 바이러스의 유전체를 보호하기 위해 바이러스 외피를 형성하는 단백질이 어떤 방식으로 집합되어 구성되어 있느냐에 따라 결정된다. 유전체를 둘러싸고 있는 입자를 캡시드(Capside)라 하는데 이는 캡소미어(Capsomere)라고 하는, 각 바이러스마다 고유한 단위 단백질이 여러 개 모여 이루어진 유전체의 둥지이다. 캡소미어는 거의 모든 바이러스들이 갖고 있는 바이러스 고유의 유전자로부터 만들어진 바이러스 단백질이며, 바이러스에 따라 한 개 혹은 몇 종류의 캡소미어 단백질을 만들고 이들이 여러 개 모여 캡시드를 만든다. 예를 들어 유전자 한 개만을 갖고 있는 식물 바이러스(STNV)는 바로 이 단백질을 만드는 유전자만을 갖고 있다. 바이러스는 세포 속에서 증식한 후에 많은 경우 세포를 깨고 외부로 방출되는데 감염해서 다시 세포 속으로 들어가기 전에는 대부분 외부환경에 노출되어야 한다. 따라서 외부환경의 바람직하지 못한 여건을 견디지 못하면 살아남을 수 없다.

그래서 유전체는 캡소미어로 만들어진 캡시드란 주머니 속에 보존되어 있는데, 캡시드는 단단하면서도 유연성이 있어야 한다. 왜냐하면 바이러스는 언젠가는 다시 세포 속으로 들어가 속에 있는 유전체를 세포 속에 방출할 때 캡시드가 쉽게 풀어져야 하기 때문이다. 대부분의 경우 캡소미어는 한 종류의 단백질이다. HIV 같은 바이러스들은 유전체를 보호하기 위해서 뉴클레오캡시드(Nucleocapsid)란 바이러스 고유의 특별한 형태를 가진다. 즉 특별한 단백질로 유전체를 둘러싸고 그 바깥에 캡시드가 있다. 그리고 바이러스에 따라서는 캡시드 외부에 지방으로 된 막이 둘러싸고 있는데 이를 외피(Envelope)라 한다. 바이러스를 연구하는 사람들 사이에선 이들 바이러스를 '외피가 있는 바이러스(Enveloped virus)'와 '외피가 없는 바이러스(Naked virus, non-enveloped virus)'로 구별해서 부르기도 한다. 바이러스는 그 캡시드의 모양새에 따라서 나선형 바이러스와 20면체 바이러스로 분류해 불리기도 하는데 한 가지 알아두어야 할 것은 캡시드는 바이러스의 유전체를 보호하는 역할 외에도 특별한 표면 구조를 갖고 있어서 바이러스가 감염할 때 숙주세포를 인식하는 중요한 역할을 하는 것으로도 알려졌다. 예로서 과장되고 극단적인 외부 모양새를 갖고 있는 박테리오파지의 경우 어떤 놈(T4 phage)은 캡시드 머리 부분에 이어서 목이 있고 이어서 가느다란 통관이 연결되어 있으며 끝부분에는 거미발 같은 6개의 구부러진 긴 다리(Tail fiber)가 있어 마치 달에 착륙한 우주선(Lunar lander)과 흡사한 모양새를 갖고 있다. 그래서 박테리아에 감염해서 들어갈 때 다리 부분이 숙주세포 표면에 착륙한 후 목과 머리 부분에 들어 있는 유전체(DNA)가 미세 관을 통해서 세포 속으로 주입된다. 그러므로 캡시드는 바이러스 유전체를 보호하는 단순한 역할 외에 적절한 숙주세포를 인식해 세포 속에 입성하는 데 중요한 역할을 한다. 이런 이유로 STNV 같은 놈은 그 유전체 전부가 캡소미어를 만드는 유전자만 가지고도 바이러스 대우를 받고 있다. 외피를 갖고 있는 바이러스의 외피는 지방으로 이루어져 있고, 이 외피는 숙주세포로부터 얻는 것이다. 이 외피에는 바이러스 특유의 단백질이 박혀 있으며 이들 단백질은 많은 경우 당화되어 있거나 다른 방식으로 변형되어 있다. 그리고 이들은 적합한 숙주세포를 인식하고 숙주세포 속으로 바이러스 유전체를 진입시키는 데 중요한 역할을 한다. 독감 바이러스의 경우 헤마글루티닌(HA, Hemagglutinin)과 일종의 효소인 뉴라미니다제(NA, Neuraminidase)가 지방으로 된 외피에 박혀 있으며 M2라는 단백질도 지방 외피에 박혀 특별한 구조를 이루고 있다. 뒤에서 이들의 기능에 대해 다시 말하겠지만 이들은 모두 독감 바이러스의 감염에 중요한 역할을 한다. 그리고 캡시드 안에는 바이러스 유전체 외에 바이러스 증식에 필수적인 한 개 혹은 여러 개의 기능성 단백질을 갖고 있는 바이러스들이 있다. 이들은 모두 바이러스 고유의 것이다. 예를 들어 HIV는 숙주세포의 유전체 삽입 통합에 사용되는 효소로서 통합효소(Integrase), 역전사효소(Reverse transcriptase) 및 단백질 분해효소(Protease)가 캡시드 안에 들어 있다. 이상 일반적인 바이러스의 모양에 대해 이야기 했으나 수천 개의 바이러스는 제각기 독특한 참으로 정교한 모양을 갖고 있다.

수천 종이나 되는 다양한 바이러스를 어떻게 분류되는지 알아보려 하는데 앞에서 이미 말한 유전체를 이루는 핵산 혹은 모양으로 분류하는 방법 외에도 여러 방법이 있으나 1975년에 노벨상을 수상한 유명한 분자생물학자인 볼티모어(David Baltimore)가 제안한 방법은 바이러스가 소유하는 유전체의 성격에 중점을 두어 분류하는 방법으로, dsDNA 바이러스, dsRNA 바이러스, ssDNA 바이러스, (+)ssRNA 바이러스, (−)ssRNA 바이러스 등으로 분류한다. 여기에서 DNA, RNA 앞에 있는 ds(Double stranded), ss(Single stranded)는 DNA, RNA가 두 가닥으로 되어 있느냐 한 가닥으로 되어 있느냐에 따라서 붙인 것이다. 또한 유전체를 이루는 RNA가 직접 단백질 생합성에 주형이 될 수 있는, 즉 템플레이트(Template)로써 역할을 할 수 있는 RNA를 (+)Strand RNA라 일컬으며, 단백질 생합성에서는 이런 RNA를 mRNA(messenger RNA)라 부른다. 따라서 (+)ssRNA 바이러스는 유전체가 숙주세포의 세포질 속에 들어가면 직접 이를 주형으로 숙주세포의 단백질 생합성 기구를 이용해 번식에 필요한 단백질을 만들 수 있다. 그러나 (−)ssRNA를 갖는 놈들은 이를 주형으로 해서 (+)Strand RNA가 만들어져야 단백질 생합성의 주형으로 역할을 할 수 있다. 이때 RNA는 Reverse transcriptase라는 RNA dependent DNA polymerase에 의해 DNA로 만들어진 다음 DNA를 주형으로 mRNA가 만들어질 수도 있고 RNA dependent RNA polymerase에 의해 만들어질 수도 있는데, 이에 대해서는 뒤에서 좀 더 자세하게 살펴볼 기회가 있을 것이다. 바이러스가 갖고 있는 유전체에 관해서 알아보는데 유전체(DNA, RNA)를 영구 보존할 수 있는 조직(System)을 생명체로 간주한다면 바이러스는 그 증식을 전적으로 다른 생명체(세포)의 도움을 받아 진행하고 가장 간단한 생명체이기는 하지만, 유전체를 가장 잘 보존해가는 놈들임이 틀림없다. 앞에서 바이러스는 수적으로 대단히 우세한 능력을 보유하고 있는 놈들이라고 말했는데, 예를 들면 B형 간염 바이러스는 만성 간염 바이러스 감염 환자의 간세포에서 매일 100억 마리를 만들어낸다. 이는 불과 1.5kg(60% hepatocytes) 정도의 간세포 덩어리에서 매일 100억 마리 바이러스를 생산해낸다는 말이다. 같은 관점에서 볼 때 인간의 세포 하나가 더 만들어지려면 인간 세포의 유전체가 반드시 배로 증가해야 한다. 그런데 인간의 세포 유전체는 B형 간염 바이러스의 유전체보다 100만배나 더 크고 이는 24개의 염색체에 나누어져 있다. 그리고 하나의 세포 안에 어머니한테서 물려받은 24개의 DNA와, 아버지한테서 물려받은 비슷하지만 다른 24개의 DNA를 갖고 있어 바이러스에 비해 대단히 크고 복잡하다. 그러나 바이러스나 인간의 세포 둘 다 배로 증식하기 위해서는 반드시 갖고 있는 유전체(DNA, RNA)가 복제되어 배로 되어야 하는 것은 상식적인 일이다. 그리고 DNA가 복제되는 과정도 기본적으로는 유사하다. DNA의 복제는 바로 DNA의 합성을 의미하는데, DNA 합성을 일으키는 단위 DNA를 분자생물학자들은 Replicon이라 부른다. 한 가닥의 DNA를 유전체로 갖고 있는 바이러스 또는 대장균 같은 박테리아는 하나의 Replicon을 갖고 있다. 인간의 세포는 30억 개의 염기로 된 긴 DNA가 총 24개의 염색체로 갈라져 있어 이의 배수(어머니에서 온 것과 아버지에서 온 것)인 48개의 Replicon을 갖고 있어야 하지만 실제로는 하나의 염색체에 있는 DNA는 여러 개의 Replicon으로 이루어져 있다(40~100kbp마다

1개). 이는 DNA 합성 여러 과정이 비교적 느리기 때문에 고등생물에서 이를 보완하기 위해서인데, DNA 합성이 여러 곳에서 시작되는 것으로 알고 있다. Replicon으로서 갖추어야 할 조건은 DNA 합성을 개시할 수 있는 시발점(Origin)과 종점(Terminus)인데 이는 전적으로 DNA의 염기 순서에 따라 결정된다. 다시 말하면 Origin과 Terminus는 독특한 염기 순서로 이루어진 DNA이다. 대장균 같은 박테리아는 그 유전체가 하나의 동그라미를 이루는 Circular DNA로 되어 있고 한 개의 Origin을 갖고 있는데 이를 대장균의 Replicon이라 할 수 있다. 그리고 대장균 같은 박테리아는 Plasmid라는 세포 속에서 공생하는 놈들을 품고 있는 경우가 있는데, 이 역시 끝없이 둥근 DNA로 된 놈들이며 독립된 Replicon으로 존재하고 있다. DNA 바이러스도 세포 속에 들어가면 독립된 Replicon으로 존재하기 때문에 숙주세포의 DNA 증식과 별도로 독자적으로 증식할 수 있다. 그리고 바이러스는 감염된 숙주세포의 DNA 증식을 대부분 그들이 원하는 방향으로 조절할 수 있다. 그러나 정상 세포가 증식하는 것은 반드시 필요에 따라서만 이루어지고 준비가 완전하게 된 상황에서만 이루어진다. 유핵세포인 경우 명확한 몇 단계를 거쳐 세포 증식이 일어난다. 우선 새로운 세포가 태어나면 충분히 자라서 크기가 정상 상태로 되어야 하는데 이 시기를 G1(G는 gap을 뜻함) Phase라 하며, 주로 다음의 세포 분열을 준비하는 기간으로 이 시기가 가장 길다(최장 10시간). 더 이상 증식이 필요 없으면 G0 Phase로 진입하는데, 이때는 새로운 분열의 신호가 떨어질 때까지 무기한으로 제자리 기능을 수행할 뿐 더 이상 새로운 증식 과정이 진행되지는 않는다. 그러나 일단 세포 증식의 신호가 발효되면 그 다음 단계인 S(Synthesis) Phase로 진입하는데, 이때 DNA(Genome: 유전체)가 두 배로 복제되며 6~8시간이 소요된다. DNA가 두 배로 증폭되면 G2 Phase로 넘어가 세포가 두 개로 갈라질 준비를 하게 된다. 세포에 따라 2~6시간에 걸쳐 모든 준비가 완료되면 M(Mitosis: 분열) Phase로 진입해 한 시간 안에 세포가 둘로 갈라지게 되어 세포 분열이 끝나고 또다시 G1 혹은 G0 Phase로 돌아간다. 이런 과정은 대단히 정교한 조절 신호에 의해 진행되며 신호 전달 체계에 이상이 생겨 필요 이상으로 세포 증식이 일어나면 암으로 진행되는 것이다.

세포 분열 과정에서 일어나는 가장 중요한 일은 DNA가 두 배로 되는 과정, 즉 DNA의 합성이다. DNA 합성에 대하여 알아보기 전에 반드시 DNA 구조를 대략적으로 파악해야 한다. 앞에서 DNA는 4개의 다른 염기가 여러 가지 다른 순서로 모인 기다란 Polymer 분자라고 했었는데 연결된 고리를 보면 각각 한 개의 염기가 한 개의 5탄당과 화학 결합되어 있고, 이 5탄당에 한 개의 인산이 화학 결합되어 있다. 또 인산은 그 다음 염기에 결합되어 있는 5탄당에 화학 결합되어 있어 두 개의 염기를 잇는 고리 역할을 한다. 이렇게 계속하면 인산이 5탄당과 함께 긴 DNA의 염기를 연결하는 등골(Backbone) 역할을 한다. 이런 방식으로 염기를 계속 이어가면 긴 DNA Polymer 분자가 만들어진다고 했는데 여기서 한 가지 더 알아둘 것은 첫 번째 염기의 5탄당의 다섯번째 탄소에 연결되어 있는 인산이 끝이고(5′ end라 함), 세번째 탄소는 그 다음 염기에 달려 있는 인산과 화학 결합해서 한 고리를 만든다. 이런 식으로 고리가 계속 이어져 긴

DNA, RNA가 만들어지는 것이다. 여기서 한 가지 알아둘 것은 맨 마지막 염기에 붙어 있는 당 분자는 세번째 탄소의 -OH가 다음 염기의 인산과 결합되지 않은 상태의 -OH로 남아 있게 되는데, 이 끝을 3′ end라 하고 이 -OH를 3′ end OH라 한다. 따라서 DNA의 말단을 5′ end, 3′ end로 구별하는데 3′ end(3′prime end라 말함)에는 -OH(O: 산소, H: 수소, -hydroxyl group)가 노출되어 있고 5′ end에는 인산 혹은 OH가 노출되어 있는 것이다. 여기서 당 분자의 탄소에 번호를 붙일 때 숫수자에 부호(prime)을 단 것은 염기를 이루는 탄소에 붙인 번호와 구별하기 위함이다. 대체로 DNA는 한 가닥으로 되어 있기보다는 두 가닥으로 되어 있으며 두 가닥은 이중나선(Double helix)을 이룬다. 이런 구조가 바로 Watson-Crick의 이중나선이고, 이런 DNA 구조를 처음으로 알아낸 Watson과 Crick은 노벨상을 수상했다. 이중나선은 두 가닥의 DNA가 평행선을 이루지 않고 시계 반대 방향으로 틀어져 나선을 이룬다. 이 나선을 쉽게 기억하려면 오른손을 안으로 쥐고 엄지손가락을 위로 향하면 나선은 손가락 방향(시계 반대 방향)으로 형성된다. 그러나 편의상 DNA를 두 직선으로 표시한다. 이처럼 DNA의 두 가닥을 붙들어놓는 것은 한 염기와 다른 염기 사이에 형성되는 수소 결합(Hydrogen bond)이다. 그리고 한 쌍을 이루는 염기의 짝은 반드시 A-T, 아니면 G-C이며 G-T나 A-C 쌍은 이루어질 수가 없다. 그리고 A-T 사이에는 2개의 수소 결합이 서로 붙들고 있고 G-C 사이엔 3개의 수소 결합이 있어 비교적 강하게 서로 결합되어 있다. DNA를 물에 녹인 용액에 열을 가하면 두 가닥이 풀어지는데 DNA가 G-C를 많이 가지면 가질수록 높은 온도로 가열해야 두 가닥이 풀어진다. 그리고 DNA의 한 가닥의 염기 순서가 결정되면 다음 가닥은 자동으로 결정된다. 또한 자연적으로 한 가닥이 5′ 말단에서 3′ 말단으로 이어지면 다른 가닥은 3′ 말단에서 5′ 말단으로 진행되어 아래에 표기한 대로 된다.

5′ AATTAA---------CGCTGG 3′

3′ TTAATT----------GCGACC 5′

이와 DNA의 구조에 대한 기본적인 내용을 알아보았으니 이제부터는 DNA가 어떻게 세포 속에서 새로 만들어지는지에 관해 알아보자. 여기에서는 DNA의 증폭 과정을 깊이 있게 다루기보다는 기본이 되는 것만 다루고 바이러스를 이해하는 데 필요하면 그때 좀 더 자세한 것을 알아보겠다. DNA의 합성은 아주 정교한 조절 기능에 의해 모든 것이 준비되었을 때 Replicon의 Origin에서만 시작되는데, 각각의 생명체가 갖고 있는 독특한 단백질에 의해 Origin에서 시작된다. 우선 origin의 DNA가 두 가닥으로 갈라지고 각각은 주형(Template)으로써의 역할을 하고 DNA 중합효소(DNA polymerase, DNA dependent DNA polymerase)에 의해 주형대로 짝이 되는 새로운 DNA 가닥을 만들어간다. 물론 이는 세포 속 혹은 세포핵 속에 준비된 dATP, dGTP, dCTP, dTTP를 모아 주형에 맞게 짜맞추는 것이다. 이때 실질적으로 새로 만들어지는 DNA는 한 가닥은 옛것(주형)이고 주형에 맞추어 만들어지는 다른 가닥은 새로운 것이다. 그래서 이런 방식의 DNA 합성을 반보존적 합성(Semi-conservative synthesis)이라 한다. 실제로 이때 일어나는 과정은 대단히 복잡하다. 한 가지 더 짚고 넘어갈 것은 DNA 합성은 반드시 5′쪽에서 3′쪽으로만 진행된다는 것이다. 다시 말하면 3′ OH가 있어야만 다음 염기가 화학 결합에 의해 연결될 수 있다. 이는 어느 핵산, 즉 RNA도 예외 없이 합성할 때는 5′에서 3′쪽으로 진행된다. 그런데 문제는 한 Replicon에 있는 Origin에서 DNA 합성이 시작될 때 Origin의 DNA 두 가닥을 풀어 둘로 열어놓으면 그 근처에는 새로 들어올 염기를 붙일 −OH가 존재하지 않는다. 그런데 DNA 합성이 시작되려면 어떤 방식으로든 −OH를 시작하는 곳에 제공해야 하는데 이 일을 하는 것을 Priming이라 하고 −OH를 제공하는 물질을 Primer라 한다. 생명체는 서로 다른 다양한 방법으로 Priming을 하는데 많은 경우 DNA의 합성에서 RNA(tRNA)를 끌어다 Primer로 사용하고 있으나 바이러스에 따라서는 단백질에서 −OH(serine)를 끌어다 사용하는 경우도 있다. 이런 모든 DNA 합성, 즉 증폭하는 일은 정상 세포의 분열 주기에서 G1 시기 다음의 S 시기에 일어나는데 G1 시기 말에 DNA 합성에 필요한 모든 여건이 준비되는 것이다. 예를 들면 충분한 재료, 즉 dATP, dTTP, dCTP, dGTP 공급은 G1 시기 말 혹은 S 시기에 진입했을 때가 최적이기 때문에 바이러스에 따라서는 숙주세포의 분열 주기를 조절해 자기 DNA 증식을 최적화한다. 여하튼 바이러스가 아주 모자라는 놈들임은 사실이지만 자기번식에 있어서는 덩치 큰 생명체보다 모자라지 않는 재주꾼인 것이다.

그리고 바이러스의 유전체를 싸고 있는 단백질 표피 혹은 지방질로 되어 있는 외피 역시 단순한 보호 역할 외에도 세포 속으로 들어가 자기증식을 하는 데 중요한 역할을 하고 있다. 예를 들어 인간에 감염해 마비 증상 등 여러 신경성 질병을 유발하는 소아마비 바이러스(Poliovirus)는 소화기 계통 장벽에서 자라 대변에 섞여 외부로 나오며 구강을 통해 감염되는데, 이 바이러스는 세포막에 있는 CD155란 수용체를 통해 세포 속으로 들어가며 목구멍과 소장 벽 세포와 운동신경 세포에서 자란다. 또 우리가 잘 알고 있는 독감 바이러스(Influenza virus)는 세포 표면에 있는 Sialic acid라는 당 분자가 바이러스 수용체 역할을 한다. 이들 수용체는 일차적으로 바이러스가 부착하는 곳이나 바이러스가 세포 속으로 들어가는 데 중요한 역할을 수행하기도 한다. 바이러스의 성격상 바이러스 감염은 혈액을 통해(주사바늘, 모기) 이루어지는 경우가 있으나 주로 노출된 부분, 즉 피부나 코, 입, 소화기 계통 혹은 요도, 눈(각막, 결막)을 통해 감염되는 경우도 많다. 특히 기능과 구조적 특성이 외부와 가장 많이 접하게 되는 호흡기 계통은 항상 바이러스의 감염에 노출되어 있다. 인간은 1분마다 6리터에 상당하는 공기를 들이마신다. 폐는 미세한 공기 주머니로 되어 있으며 혈액에 산소를 공급해주는데, 모세혈관이 잘 발달되어 있어 아주 위험지대이다. 따라서 기도나 폐는 여러 선천성 및 후천성 면역 방어 체계를 잘 갖추고 있기도 하다. 주로 Rhinovirus, 독감 바이러스, Herpes virus, Poxvirus 등이 호흡기를 통해 감염되나 Rhinovirus처럼 기도에서 증식하거나 Measles virus처럼 혈액을 통해 피부 등 다른 장기로 이식하기도 한다. 소화기 계통 역시 외부에 열린 기관이라서 여러 바이러스의 감염 경로가 되고 있다. 이곳 역시 장 벽을 이루는 미세융모 끝에 당화된 단백질 또는 당화 지방이 있으며, 위는 강한 산성이고 장으로 옮겨가면 강력한 담즙을 만나게 되어 면역 체계의 반격을 받게 됨으로써 바이러스가 살아남기에 어려운 곳이다. 그러나 어떤 바이러스(Reovirus)는 오히려 장에 있는 단백질 효소에 의해 활성화되기도 하며 Poliovirus 같은 놈은 강한 위산에도 살아 남는다. 우리가 잘 아는 Rotavirus(reovirus과에 속함), Norovirus와 특정 Adenovirus 등은 장에서 자라 장염을 유발하고 설사병을 일으킨다. Poliovirus, Reovirus는 장 벽에서 자라나 때로는 신경조직에 침투한다. Poliovirus의 경우 신경조직으로 이전할 때 전신마비를 일으키거나 불구가 되게 하기도 한다. 우리가 잘 아는 HIV는 항문을 통해 감염되어 장에 들어가, 장 벽에 발달되어 있으며 면역 반응에 관여하는 M cell이라는 세포를 거쳐 면역세포에 감염해 증식한 후 전신에 감염되는 경우가 많다. HIV는 우리가 잘 알고 있는 HSV(Herpes Simplex Virus: 감기를 앓고 난 후 입술에 염증을 일으킨다), Papillomavirus(사마귀 바이러스, 자궁암을 일으킴) 등처럼 비뇨생식기 계통을 통해 주로 성교 시에 감염되기도 한다. 물론 Papillomavirus는 피부에도 감염된다. 혈액에 의해 감염되는 바이러스로는 B형 간염 바이러스, C형 간염 바이러스, HCMV(Human Cytomegalovirus: 임신모로부터 태아에 감염되어 정신박약을 일으킴), HIV, Epstein-Barr Virus(EBV) 등이 대표적이다.

EBV는 Herpes virus과에 속하는 바이러스인데 백인과 동양인의 90% 이상이 감염되어 있다. 백인 사이에선 20세 전후에 주로 감염되기 때문에 이를 Kissing disease라고도 한다. 증상이 나타나면 약한 감기 정도인데 이를 Infectious mononucleosis(줄여서 'mono에 걸렸다'고 함)라고 한다. 이는 다른 바이러스 감염(감기)에서 보는 것처럼 바이러스 감염 시에 숙주의 면역 체계가 발동되어 Interferon 같은 바이러스 방어물질(Cytokine)을 분비하게 되어 발열을 동반한 여러 증상이 나타나기 때문이다. 아프리카나 파푸아뉴기니에서는 주로 12세 이하의 아이들이 감염되며, 말라리아나 HIV와 동시에 감염되었을 경우에는 Burkitt's lymphoma 라는 암으로 진행되기도 하는데 종종 중국의 어느 지역에선 B-cell lymphoma 라는 암을 유발시켜 면역 결핍 상태로 만든다고 한다. 이에 EBV에 대한 많은 연구가 진행되고 있다. 이는 인간에만 감염하는 172kbp DNA 바이러스이며 감염은 입을 통해 침으로부터 진행된다. 인두(Oropharynx)나 편도선의 표피세포(Epithelium)에서 증식한 바이러스가 밖으로나와 주변에 있는 B lymphocyte에서 주로 잠복 상태로 감염을 유지하다가 외부 환경이 적합하면 증식하게 된다.

HSV에는 type-1(HSV-1)과 type-2(HSV-2)가 있는데 전자는 주로 몸의 상체에서 자라고 후자는 생식기에서 증식하나 예외가 많다. 이 바이러스는 개발도상국에서는 신생아부터 감염되나 개발국가에서는 주로 어린이가 감염된다. 일단 감염이 되면 바이러스는 숙주인 사람과 같이 일생 동안 살게 된다. 초기엔 구강내의 표피세포나 생식기관에 주로 감염하나 피부, 눈 등 여러 곳에 감염이 가능하다. 감염되면 물집이 생기는데 주로 감염자의 침이나 분비물에 섞여 밖으로 나와 다음 숙주에 감염한다. 이 바이러스는 피부나 점액 분비 표피세포(Mucosal epithelium)에서 증식한 다음 말초신경세포나 자율신경세포 말단으로 들어가 신경절(세포체)에서 잠복 감염을 하다가 외부에서의 자극(UV에 노출)이나 여러 스트레스를 받게 되면 신경세포 섬유를 통해 표피세포로 돌아가 증식하여 감염성 바이러스를 생산해낸다.

HIV는 1980년대 초 파리의 파스퇴르 연구소의 Luc Montagnier에 의해 환자의 T lymphocyte에서 발견된 바이러스인데 (+)ssRNA 약 10kb의 유전체를 갖는 Enveloped RNA 바이러스이다. 환자의 혈액 또는 생식기의 분비물에 섞여 방출되므로 성적 접촉, 감염된 주사기, 장기이식 등을 통해 감염되고, 일단 감염되면 바이러스 이름이 암시하는 대로 면역 결핍증이 생겨 여러 가지 합병 증세로 결국 2~4년 후 사망하게 된다. 이 바이러스는 주로 젊은 사람들이나 아이들에게 감염되고, 특히 1990년대 스포츠계나 연예계 등의 유명 인사에게 많이 감염되어 주목을 끌었다. 아프리카에서는 매년 100만 명 넘게 감염되어 죽었고 미국에서도 매년 수만 명이 목숨을 잃었다. 2000년 이후부터 증가 추세가 꺾인 것으로 알려졌으나 지금도 전 세계적으로 3,000만 명 이상의 감염 환자가 있는 것으로 알려져 있다. 아직도 백신이 개발되지 못하고 있으며 여러 가지 치료약이 개발되었으나 이 바이러스는 RNA 바이러스라서 돌연변이가 자주 일어난다. 한 환자의 몸속에서 33개의 변종 바이러스가 검출되기도 했다.

이처럼 바이러스는 미세하지만 앞에서 말했듯이 면역세포에 자라는 놈들, 호흡기계통 세포에 자라는 놈들, 간을 포함한 소화기 계통에 자라는 놈들, 여러 종류의 표피세포에 자라는 놈들 등 우리 몸의 다양한 조직 · 기관의 세포에 초기 감염해 퍼져나가 인간을 괴롭히고 있다. 자주 사용되는 몇 가지 용어를 설명하자면, 바이러스가 초기 감염한 세포에서 증식해 세포 밖으로 나와 임파선이나 이를 통해 혈액 속으로 들어가 몸의 여러 기관에 감염한 것을 Systemic infection이라 하고 바이러스가 혈액 속에 나타나면 Viremia라 한다.

그러나 숙주인 인간이나 동물들은 몸속에 들어온 바이러스를 보고 당하기만 하는 것은 아니며 바이러스 침범에 대한 방어망은 대단하다. 방어는 우선 감염된 세포에서 시작된다. 인간을 포함한 동물의 세포에는 외부에서 들어온 이물질, 즉 자기 것과 다른 물질을 감지하는 수용체(Receptor) 체계를 갖추고 있어서 바이러스 특유의 DNA, RNA, 단백질, 또는 바이러스 고유의 변형된 단백질(예: 지질화 단백질, Lipopeptide) 등을 감지한다. 이들 수용체는 세포 표면 혹은 세포 내에 분포되어 있으며, 일단 수용체가 이물질을 감지해 결합하게 되면 신호를 발하게 되고 세포가 신호를 받아 선천성 및 후천성 면역 체계를 발동하게 된다. 후천성 면역 반응(바이러스에 대한 항체 형성 및 세포성 면역 반응. 뒤에서 자세히 말하겠다)은 5일 이상이 걸리는 데 반해 선천성 면역 반응은 몇 시간 내로 일어난다. 우리가 잘 알고 있는 것처럼 항바이러스성 물질인 인터페론(Interferon)을 생산해 내고 이를 통해 직접 바이러스 증식을 억제하든지 아니면 간접적으로 각종 식세포(NK cell, Macrophage 등)를 활성화함으로써 바이러스를 처치한다. 즉 후천성 면역 반응을 유도하는 것이다. 또한 감염된 세포는 경우에 따라 자살(Apoptosis) 경로로 들어가 바이러스와 함께 자멸해 식세포에게 먹힌다. 세포 안팎의 이물질 감지 수용체는 여러 개가 알려져 있는데, 그 중에 잘 알려진 게 TLR(Toll Like Receptor)로서 인간은 10개 정도(TLR1, TLR2, ---)가, 쥐는 11개가 알려져 있다. 이들은 세포 안팎에 존재하며 핵산 등 여러 이물질, 특히 Pathogen Associated Molecular Pattern(PAMP)을 감지한다. 이에 반해 세포는 DAMP(Damage Associated Molecular Pattern) 수용체가 있는데, 이들은 세포에 손상이 생겼을 때 나오는 물질(예: 세포질 속에 있어서는 안 될 핵 속의 DNA)을 감지해 조직을 보수하게 한다.

바이러스 역시 숙주세포의 방어망에 도전해 교묘하게 피해가는 놈들이 있다. 바이러스마다 독특한 방법을 사용하는데, 예로서 인터페론의 생산을 직접 방해하는 놈들이 있다. EBV는 바이러스 고유의 단백질이 IL-10(대표적인 면역 반응을 하향 조절하는 Cytokine)과 함께 작용해 인터페론의 생산을 막는다. 그리고 감염하는 바이러스는 독특한 물질(예: 인터페론 수용체 Decoy 물질)을 생산함으로써 인터페론이 세포를 자극해 항바이러스성 물질을 생산하는 것을 방해하는 경우도 많다. 앞에서 바이러스 감염 증식을 억제하는 수단으로 감염된 세포를 자살(Apoptosis)하게 유도하는 방법을 말했는데, 많은 바이러스들이 이 세포자살을 유도하는 과정을 여러 가지 방법으로 방해해 감염된 숙주세포를 자살하지 못하도록 만든다. 아주 잘 알려진 예로는 정상 세포의 자살을 방지하는 Bcl-2족의 단백질이 있는데, Adenovirus 같은 놈은 Bcl-2와 흡사한 기능을 갖는 단백질을 생산해내는가 하면 EBV 같은 놈은 Bcl-2의 생산을 촉진함으로써 감염된 세포의 자살을 막고 세포를 바이러스 증식에 이용한다. 이밖에도 여러 가지 방법을 통해 세포의 방어망에 도전하고 결국 성공적으로 감염하면 증식해 많은 바이러스를 만들어낸다.

바이러스가 일단 세포 속에 들어가면 외피를 벗고 유전체를 들어내야 하는데, 이는 들어가는 과정에서 일어나든지, 아니면 들어간 후에 일어나든지 한다. 대부분의 DNA 바이러스는 핵 속에서 증식하고 RNA 바이러스들은 세포질 속에서 증식하지만, 독감 바이러스나 HIV 같은 바이러스는 RNA 바이러스인데도 세포핵 속에서 증식한다. 그리고 Poxvirus 같은 놈들은 자신의 유전체에 DNA polymerase를 만드는 정보를 갖고 있어 DNA 바이러스이지만 숙주세포의 세포질 속에서 증식한다. 특히 핵 속에서 증식하는 바이러스는 아주 정교한 숙주세포의 기능을 이용해 바이러스 유전체를 핵 속으로 운반한 다음 핵 속에서 증식을 시작한다. 어느 경우이든 숙주세포의 DNA 또는 RNA 합성에 사용하는 효소, 즉 DNA polymerase 체계나 RNA polymerase를 이용하지만, 바이러스에 따라서는 독특한 효소를 만들어 사용하기도 한다. 예로서 HIV 같은 RNA 바이러스는 증식과정에서 RNA를 주형으로 해 dsDNA를 만들어야 하는데 이에 필요한 역전사효소는 숙주세포에는 없는 효소이다. 유전 정보는 DNA에서 RNA, 그리고 RNA

에서 단백질로 내려가는 것으로만 알고 있었는데 Temin과 Baltimore에 의해 역전사효소가 발견되면서 유전 정보는 RNA에서 DNA로 올라갈 수도 있다는 사실이 알려지게 되었다. 이 발견으로 두 사람은 1975년 노벨상을 수상했다. 여하튼 바이러스는 숙주세포 속에서 필요한 모든 부품(Coat protein 등 단백질, 유전체)들이 만들어지면 바이러스 입자로 조립이 완성되며, 세포를 깨든지 Budding out 과정을 통해 세포 밖으로 나와 그 다음 세대가 시작된다. 그러나 위에서 말한 역전사효소(Reverse transcriptase)를 이용해서 증식하는 RNA virus(Retroviruses)들은 유전체가 숙주세포의 유전체에 통합해서 사는 경우가 많은데 통합하는 장소가 어디냐에 따라서 숙주세포에 심각한 결과를 초래한다. 그리고 인간의 유전체의 상당히 많은 부분이 이들이며 여러 면에서 우리 삶에 영향력을 행사하고 있다. Retrovirus의 대표적인 놈들이 암을 유발하는 바이러스들인데 이들에 대해서는 6장에서 좀 더 자세한 이야기를 한다.

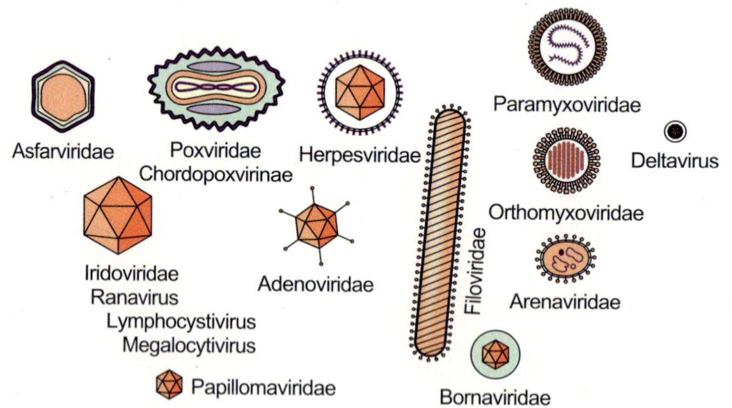

▲ 그림은 척추동물 세포에서 자라는 몇 개의 바이러스들의 전자현미경 사진에 근거한 그림이다.

03
우리와 더불어 사는 놈들

Chapter 03

우리와 더불어 사는 놈들

전자현미경을 통해서만 볼 수 있는 바이러스의 세계에서 이제 광현미경의 세계, 즉 바이러스에 비해 약 100배 정도 더 크며 당당한 세포의 형태를 갖추고 있는 미생물의 세계로 들어가보자. 대부분의 미생물은 독립 생존이 가능하며 바이러스처럼 남의 세포 속에 들어가 번식할 필요가 없다. 실제로 인간이나 고등생물보다도 다양한 환경 속에서 자랄 수 있는 적응력이 강한 놈들이다. 미생물 중에는 110℃ 이상에서 생존할 수 있는 놈들이 있는가 하면 영하 20℃ 이하에서 사는 놈들도 있고, 산도가 pH 1(식초보다 강함)에서 살 수 있는 놈들과 심지어 산소 없이도 생존하는 놈들도 있다. 이런 극한 환경 속에서 사는 미생물들은 주로 Archaea이라는 고생대생물에 속하는데, 한 가지 좋은 점은 이들이 인간에게 무해하다는 것이다.

생명체를 통틀어 고생대생물계(Archaea), 유핵생물계(Eukarya), Bacteria(Prokaryote) 이렇게 크게 세 가지로 분류하기도 하는데 이 장에서는 주로 인간과 관련이 많은 박테리아에 속한 미생물에 관한 이야기를 하려 한다. 인간과 박테리아는 상호간에 대단한 영향력을 행사하고 있다. 박테리아가 이 세상에 존재하는 미생물이라는 것이 알려지기 오래 전부터 인간이 이미 미생물을 식품산업에 이용했었다는 것은 잘 알려진 사실이다. 김치, 된장의 역사를 제대로 알지는 못하나 아마도 수천 년 전으로 거슬러 올라갈 것 같은데 미생물을 처음 관찰한 것은 겨우 17세기 중반부터다. 기원전 1만년 전에 이미 중국과 이집트에서는 음식과 음료를 미생물 발효에 의해 생산한 기록이 있다. 더 나아가 산소와 에너지의 근원인 탄수화물이 없다면 인간의 탄생이 가능할까 생각해보면 미생물의 역할이 얼마나 중요한지 알 수 있다. 앞에서 말한 대로 탄수화물은 식물 세포 안에 있는 엽록체에서 태양광 에너지를 이용해 물과 이산화탄소를 소재로 만들어지는데, 이 과정에서 생산되는 산소 역시 생명체에 필수적이다. 그런데 이 식물 세포 엽록체의 근원이 바로 Cyanobacteria 같은 박테리아인데, 원래 식물 세포 속에 공생체로 살던 박테리아에서 주어진 것이라 한다. 같은 맥락에서 세포 안에 있는 마이토콘드리아 역시 아주 오래 전 공생하던 박테리아에서 왔다는 것이 정설로 되어 있다. 실제로 마이토콘드리아 내에서 단백질 생합성에 주 역할을 하는 Ribosome이라는 입자의 크기나 구성성분(rRNA)을 보면 유핵성생물(숙주세포)의 것이 아니고 박테리아의 것임이 틀림없다. 그래서 심지어는 Cyanobacteria 같은 박테리아가 지구상에 출현함으로써 산소와 탄수화물 공급이 이루어져 인간처럼 고등생물체의 출현이 가능하게 됐다고 믿는 학자들도 있다.

박테리아 중에는 우리들을 상상 이상으로 괴롭히고 있는 놈들이 있다. 잘 알고 있는 바와 같이 효과적인 백신과 항생제가 개발되기 전에 디프테리아, 콜레라는 우리 조상의 생명을 수없이 많이 앗아갔다. 물론 지금도 종종 개발도상국에서는 일어나고 있는 일이다. 이들은 인간의 소화기 계통에 감염해 문제를 일으키거나 피부, 호흡기 계통, 비뇨기, 생식기, 순환기 계통 등 다양한 곳에 감염해 무서운 병을 유발한다. 1950년대 초 항생제가 개발된 후 박테리아와의 전쟁은 끝났다고 믿었으나 박테리아들은 이에 맞서 강력한 항생제 내성 박테리아를 출현시켜 인간을 위협하고 있다. 아직도 인간의 사망 원인의 다섯 번째가 박테리아라고 한다. 예를 들어 뉴스에 종종 나오는 E. coli O157:H7라는 놈은 Shiga-like toxin이라는 강력한 독을 만들어 콩팥의 기능을 파괴하고 아이들의 생명을 위협하는데, 이들은 평상시 소의 내장에서 자라기는 하나 소에 해롭지는 않다. 그러나 소고기 또는 물로 씻겨 나와 채소, 과일 등에 오염되어 사람에 감염되면 피가 섞인 심한 설사와 복통을 일으켜 대단히 위험하며 미국에선 매년 7만 명 이상이 감염되어 수십 명이 목숨을 잃고 있다. 실은 대장균(E. coli)은 사람의 대장에서 숙주에 크게 해를 가하지 않고 자라는 놈들인데 어떤 계기로 Shiga-like toxin을 생산하는 유전자를 갖는 바이러스에 감염되어 독을 생산함으로써 독종으로 변한 것이라 한다. Shiga toxin은 Shigella dysenteriae라는 놈이 생산하는 독소인데, 이 박테리아 역시 음식물을 통해 감염되는데 피가 섞인 설사와 심한 복통을 일으키며 미국에서만 매년 약 2만여 명이 감염되고 개발도상국에서도 문제가 되고 있다.

앞에서 말한 대로 다른 박테리아에서도 바이러스를 통해 독성 유전자를 전수받는 경우가 종종 있는데, 항생제 내성을 갖는 박테리아의 출현이 이와 유사한 방식으로 이루어지고 있다(이에 대해서는 뒤에서 더 자세하게 이야기하려 한다). 전에 없던 이상한 병원성 박테리아의 출현도 종종 일어나고 있다. 1976년 미국 필라델피아의 한 호텔에서 재향군인 모임이 있었는데 후에 그 모임에 참석했던 사람 중 221명이 전에 유례가 없는 중증의 폐렴 증상을 일으켰으며 이 중 34명이 사망했다. 마침내 박테리아의 감염에 의한 것으로 판명되어 그 박테리아는 Legionella pneumophila, 그 병은 재향군인병(Legionnaires' disease)이라 각각 명명되었다. 이후에도 뉴욕 등지에서 문제가 발생해 많은 사람이 목숨을 잃었는데 이 박테리아는 에어컨 장치의 열을 식히는 물에서 자라 에어컨 관으로 들어가 사람을 감염하는 것으로 판명되었다. 이밖에도 수없이 많은 무서운 박테리아가 우리 주변에 있으며 못된 인간들이 강한 독을 생산하는 박테리아를 사용해 테러 행위를 저지르거나 국가적으로 생물학적 무기로 사용하려는 시도도 있다. 전시가 아니어도 미국에서 탄저병(Anthrax) 증상을 일으키는 박테리아(Bacillus anthracis)를 편지봉투에 봉해 해하고자 하는 사람들에게 보낸 사례가 있으며 실제로 여러 우편배달

부가 감염되기도 했다. 2001년 미국의 상원 의원 사무실에 B. anthracis가 들어 있는 우편물이 도착됐는데 이를 개봉하는 바람에 건물 전체가 오염되었다. 완전 소독이 이루어졌는데 2,300만 달러가 들었고 3개월간 건물 사용이 중지되었다고 한다. 실제로 요즘(2018년)에도 가짜이기는 하지만 트럼프 대통령의 아들에게 흰 가루가 담긴 편지가 보내졌다는 뉴스가 보도되기도 했다. B. anthracis 외에도 강한 독을 생산하는 Clostridium botulinum(Botulinum toxin, Botox) 같은 박테리아와 바이러스 등이 대량 살상을 목표로 한 테러에 이용될 가능성이 있다. 우리가 잘 아는 Botox는 불과 몇 g만으로도 전 인류를 말살할 수 있는 신경성 맹독이지만 약삭빠른 인간들은 주름살을 펴기 위해 미용산업에 활용하고 있다. 지금까지 예를 든 박테리아는 부주의로 외부에서 들어올 수 있는 놈들이지만 실제로 인간의 생명을 제일 많이 앗아가는 놈들은 우리 몸이나 주변에 상주하며 기회를 엿보고 있다가 독감 같은 병에 걸려 면역 체계가 제대로 작동되지 못할 때 병을 유발한다. 대표적인 예가 Streptococcus pneumoniae, S. pyogenes, S. aureus 등인데 이들은 모두 Gram positive(1884년 Gram이 개발한 염색제를 사용하면 짙은 자주색으로 물드는 박테리아를 Gram positive라 하고 물들지 않으면 Gram negative라 한다)이며, 대표적인 예는 대장균인데 세포막이 다른 Gram 양성(포도상 구균류) 박테리아에 비해 비교적 얇다. 박테리아 이야기를 하다 보면 바로 다음의 내용이 연상된다. 아프리카의 넓은 초원에서 수백 마리의 들소들이 떼를 지어 먹이를 찾아 이리저리 옮겨 다닐 때 발자국 소리는 천지를 진동하고 먼지를 일으키며 달려가는 모습은 보기에도 겁이 난다. 이때 굶주린 사자 무리가 숲속에 숨어 지켜보고 있다가 어린 놈들이나 힘없이 뒤처지는 들소가 있으면 몇 놈이 달려들어 작살을 낸다. 이와 마찬가지로 S. pneumoniae도 우리 몸 한구석에 숨어 살고 있다가 숙주가 늙은 들소나 어린 들소처럼 쇠약해지면 공격을 개시해 결국 통째로 차지해버린다. 면역력이 약해진 사람이나 갓난아이가 공격받는 대상이고 공격하는 박테리아가 항생제 내성으로 변질된 놈이면 치료가 불가능하거나 어렵다. 지금도 전 세계적으로 매년 120만 명 이상의 아이들이 S. pneumoniae에 의해 목숨을 잃고 있으며 노인들은 다른 병에 걸리더라도 결국 합병증으로 폐렴에 의해 죽는 경우가 많다. 노인이 병원에 걸어 들어갔다 관 속에 실려 퇴원한다는 이야기가 있는데, 이는 병원에서 항생제 내성의 S. pneumonia같은 박테리아에 감염되어 일어나는 일이다. 미생물들 중에는 적지 않은 무리가 인간에게 의지해 몸의 일부로서 살아간다. 그리고 이런 미생물들을 무시할 수 없는 것은 이들이 수적으로 우리 몸을 형성하고 있는 세포 수의 대략 10배에 달하고 1,500종으로 분류될 만큼 다양하기 때문이다. 내 몸의 주인이 나 자신인지 미생물인지 혼동될 정도다.

우리 몸의 가장 중요한 심장부 중의 심장부인 유전체를 보면 더더욱 한심하다. 3분의 2 이상을 바이러스 혹은 Retrotransposon(뒤에 자세히 이야기한다)이라는 놈들이 차지하고 있는데, 이들이 우리 삶에 행사하는 영향력은 실로 대단하다. 그래서 생물학자들은 이들의 실체가 무엇이고 우리 삶에 어떤 영향력을 행사하고 있는지를 주로 이들이 생존하는 방식에 따라 크게 세 가지 부류로 나누어 연구한다. 첫째는 상호주의 미생물인데 이는 서로가 이익을 주는 관계이고, 둘째는 식객주의(Commensalism) 미생물로서 한 편은 실익을 보지만 다른 편에는 아무 영향이 없는 관계이고, 마지막은 기생주의 방식의 삶인데 한 편이 다른 편에 희생하는 관계이다. 하지만 실제로는 엄밀한 구별 없이 일반적으로 공생(Symbiosis)이라는 단어를 사용하며, 비슷한 의미로 인간의 몸속에 사는 놈들을 통틀어 식객(Commensal)이라는 의미의 공생이라는 단어를 많이 사용한다. 그래서 인간의 장 속의 미생물들을 Commensal microbe라고 하는데, 사전에서 찾아보니 Commensal은 "식사를 함께하는 친구들"이라는 의미인데 아주 적절한 표현이라는 생각이 든다. 뒤에서 자세히 알게 되겠지만 우리 장에 서식하는 미생물들은 우리에게 건강상 많은 이익을 주는 식객 친구들이 많다. 실은 다른 인체 부위에서 서식하는 식객들도 우리에게 도움을 주는 놈들이 많이 있다. 몇 년 전 돌아가신 모 제약회사의 회장님과 식사를 함께하다가 김치에 관한 이야기가 나왔다. 그 분의 말에 따르면 김치 맛은 김치를 만드는 여성의 손에 있는 세균이 어떤 것이냐에 따라 결정되는데, 그 세균의 타입은 여성의 생식기에 살고 있는 세균에 의해 좌우된다는 것이다. 이 말을 들은 후 한참 동안 김치를 잘 먹지 못했다. 그런데 돌이켜보면 김치를 먹는 데 기분 나빠할 이유가 전혀 없었고 오히려 우리는 건강한 사람의 몸에 살고 있는 좋은 박테리아를 일부러 건강을 위해 먹어야 한다. 1908년 노벨 의학상을 받은 러시아의 Ilya Mechnikov는 유산균이 장에 많아야 건강하고 장수한다고 사실을 역설했는데 실제로 여성의 생식기에 유산균이 주로 살고 있으며 이들이 만들어내는 산은 주위를 산성으로 만들어 다른 효모(Yeast) 같은 세균의 서식을 막음으로써 생식기 내의 건강을 유지하는 데 상당한 기여를 하고 있다. 김치를 숙성시키는 것은 유산균인데 이와 관련해 한 가지 더 에피소드를 말하자면 캐나다에 살고 있는 모 유명 교수 부부는 딸 셋을 얻은 후 아들을 얻었는데 그 분 말에 의하면 조사를 해보니 여성의 생식기 내 산도가 너무 강하면 남성을 만드는 정자가 수정에 잘 참여하지 못한다는 것이다. 그래서 실험실에서 강한 완충액을 만들어 부인의 생식기 안을 세척해 산도를 중화시킨 후 사랑을 나눈 다음 아들을 얻었다는 이야기이다. 이와 관련한 정식 보고나 논문은 읽어보지 못했지만 가능한 일이다. 그렇다고 딸 많은 독자들에게 이런 방식을 권장하는 것은 아니다. 실제로 생식기 안에 유산균이 잘 자라지 않아 산도가 약해져 다른 세균이 침입해 번식하게 되면 건강 상태를 유지할 수 없고 Mycoplasma 같은 세균에 감염되면 불임증이 될 가능성도 있다. 효모에 감염되어 고생하는 사람들 중 특히 여성이 많은데 이 역시 생식기 내에서 유산균이 번성하지 못해 산도가 낮아 일어나는 일일 가능성이 높다고 한다. 여하튼 우리 몸에 서식하는 세균류의 식객들은 수적으로 대단하며 표면상 입, 코, 눈, 피부 등 다양한 곳에 살고 있으며 소화기 계통의 장 속에는 무려 1kg의 미생물이 살고 있어 대장 속에 있는 물질 g당 1,000억(10에 11승) 마리의 세균을 포함하고 있다. 물론 우리 몸 부위 중 대장 속에 제일 많이 살고 있으나 다른 부위에도 독특한 미생물들이 서식하고 있다. 한편 서식하는 미생물의 종류와 각 미생물 집단의 수는 각 부위의 영양 상태와 숙주의 면역 반응 또는 물리화학적 적합도에 의해 결정된다. 이에 적용되는 생태학의 법칙에 의하면 서식하는 미생물의 수는 그 부위에 최소량으로 존재하는 영양소의 양에 의해 결정된다. 이 말은 다른 영양소가 아무리 풍부해도 어느 환경 속에 꼭 필요한 하나의 영양소가 제한적일 때 그 제한된 영양소의 증감에 따라 그곳에 서식하는 미생물의 수가 증감한다는 의미다. 미생물의 성장을 제한하는 다른 요소들은 산도, 온도, 존재하는 산소의 양 등인데, 어떤 미생물이 어느 정도 한계를 견딜 수 있느냐는 미생물의 종류에 따라 다르다. 물론 숙주의 면역 반응과 주위의 다른 미생물이 만들어내는 항생물질 등도 제한 요인이 될 수 있다.

한 개인의 건강 상태와 그 사람의 몸속 여러 부위에 서식하는 미생물의 종류 사이에는 밀접한 연관성이 있으므로 종합 건강진단 시 반드시 그 사람의 몸에 서식하는 미생물의 종류와 수에 관한 정보를 결과표에 기재하는 때가 머잖은 장래에 올 것 같다. 이를 미생물체(Microbiome)라 할 수 있는데 우리말 번역이 좀 어색하기는 해도 유전체(Genome)와 같은 맥락에서 볼 수 있으며 때로는 미생물체라고 할 때 바이러스체까지 포함되어 일컬어지기도 한다. 유전체란 개개인의 독특한 유전자의 총집합을 말하는 것으로 각 개인은 자신만의 독특한 유전체를 갖고 있다. 이와 같은 방식으로 요즘 단백질체(Proteome) 혹은 전사체(Transcriptome), 대사체(Metabolome) 등의 새로운 생물학 용어가 만들어지고 있다. 특정 세포 혹은 세포군, 즉 조직에서 만들어지는 모든 단백질을 단백질체라 할 수 있으며 이는 질적 · 양적 의미를 내포한다. 즉 특정 세포 또는 세포군에 존재하는 독특한 단백질의 종류와 양을 표시하는 것이다. 전사체는 특정 세포 혹은 세포군에서 전사 되어 나오는 RNA를 통틀어 말할 때 사용되며, 대사체도 특정 세포 혹은 세포군에서 나오는 대사물질 전체를 말한다. 이들 단어 끝을 변경해 –mics라 고치면 각 분야를 연구하는 학문을 칭한다. 즉 미생물체학(Microbiomics) 은 개개인의 미생물체 타입을 연구하는 학문을 말하는 것인데, 다른 사람이 나와 똑같은 미생물체 타입을 갖기는 어렵다. 개개인이 품고 있는 바이러스의 총체를 바이러스체(Virome)라 하는데, 뒤에서 자세히 알아보겠지만 이 또한 개인의 건강 문제와 깊은 연관이 있어 Viromics를 통한 Virotype의 결정은 건강진단에 중요한 지표가 될 전망이다.

이제 다시 Microbiomics로 돌아가서 개개인의 미생물체 타입을 결정하는 중요한 요인을 알아보려 한다. 각 개인에게 서식하는 미생물의 종류 및 각 집단의 크기는 다양하며 여러 가지 요인이 작용하고 있는데 이들 요인은 개인의 체질과 세균이 이용할 수 있는 필요한 영양분 및 물리화학적 환경의 제공 상태와 관련이 있다. 이들 요인에는 각 개인의 건강 상태, 생활방식, 연령, 성, 유전적 차이점 등이 중요한 영향을 주고 있다. 최근(2014년) 일란성 쌍둥이를 대상으로 장 속의 박테리아(Christensenellaceae과에 속하는 세균)를 연구한 결과에 의하면 장 속의 Microbiome, 즉 세균 집단의 구성원과 수는 숙주의 유전체에 의해 결정된다(즉 유전적이다)는 것이 확인되었다. 그러나 세균 중에는 숙주의 유전체 성격에 관계없이 적극적으로 살아가는 놈들도 있다. 예를 들어 위장 검사 시 의사가 때로 Helicobacter pylori 검사를 하도록 하는데 이 세균은 중성 산도에서만 살아갈 수 있으나 실제 우리 몸 안에 서식하는 곳은 가장 산도가 높은 위장이다. 이 놈들은 자기들이 사는 환경을 적극적으로 변화시켜 스스로에게 적합한 환경을 만들어가며 살아가는데, 즉 위액에 있는 요소로부터 암모니아를 만들어 주변 환경의 강한 산성을 중화시켜 중성으로 만들어 자기의 삶에 맞는 환경을 조성해간다. 그런데 이들도 숙주의 성별 영향을 받아 여성보다는 남성이 더 많이 갖고 있으며, 이밖에도 피부에 서식하는 세균의 수가 남성이 여성보다 더 많다든지, 반대로 여성이 남성보다 생식기 감염에 더 시달린다든지 등 성별에 따른 차이점이 존재한다. 이에 대한 정확한 이유는 잘 알려지지 않았으나 상식적으로 남녀의 생활방식의 차이, 호르몬 분비의 차이, 생식기의 구조적 차이 때문일 것으로 추정된다. 연령별로는 예상대로 어린아이와 노인의 차이가 현저한데, 예를 들면 모유로 자라는 어린아이는 Bifidobacterium종의 세균이 대변에 현저하게 많으나 어른에게는 다른 세균의 종류가 우세하게 많다. 연령에 따라 구강에 서식하는 세균의 종류에도 현저한 차이가 있으며 연령의 증가에 따라 서식하는 세균의 종류별 증감이 일어나는데 65세 이상의 많은 남녀가 요도 감염 때문에 오줌에서 세균이 배출되는 경우가 있다. 나쁜 소식은 일반적으로 연령의 증가와 더불어 유해성 세균의 서식이 증가하는 추세라는 것이다. 다시 말해 세균들이 살아가는 데 필요한 인체 각 부위의 영양소 공급 상태에 따라 어떤 세균이 어느 부위에서 자랄 수 있는가 하는 것이 결정된다고 볼 수 있으나 생존 환경을 자기에게 맞게 적극적으로 변화시키는 놈들도 있다. 그 대표적인 예가 Helicobacter pylori다. 이 놈들은 대략적으로 중성 산도가 살아가는 데 최적 환경이지만 풍부한 영양소를 공급받을 수 있으나 산도가 극도로 높은 위에서 적응해 살아가고 있다.

다른 생명체와 마찬가지로 세균에게 꼭 필요한 영양소는 단백질 합성에 필요한 아미노산, 에너지의 근원이 되고 다른 필요한 물질로 전환이 가능한 탄수화물, 지방, 비타민과 무기질이다. 그리고 이런 영양소들은 주로 숙주 혹은 함께 살고 있는 다른 세균으로부터 공급받게 된다. 장에서는 주로 숙주가 취하는 음식물과 관련이 크고 다른 곳에선 숙주세포가 걸러내는 배설물과 분비물, 그리고 숙주의 죽은 세포가 배출하는 물질과 다른 세균 혹은 동료 세균이 분비하는 물질과 죽어가는 세균이 남기는 물질이 영양소의 근원이다. 또한 세균들은 적극적인 방법으로 영양소를 얻기도 하는데, 특히 숙주로부터 필요한 물질을 얻기 위해 거대한 분자로 이루어진 복합 단백질, 지방, 탄수화물 같은, 숙주가 소화할 수 없는 물질을 적은 분자의 물질, 즉 흡수 가능한 상태로 분해해서 얻기도 한다. 그런데 한 종류의 세균이 모든 필요한 분해 효소를 만들어내지 못하고 다른 몇 종의 세균들이 협력해야만 흡수 가능한 물질로 전환이 가능한 경우도 있다. 이런 경우 협력하는 세균들은 하나의 Microbiome의 구성원이 될 수밖에 없다. 예를 들어 철분은 아주 소량만이 세균에게 필요하지만 그래도 모자라는 무기물질 중의 하나이다. 대부분의 철분은 숙주세포에서 몇 가지 종류의 단백질이 꽉 잡고 있는 탓에 세균들은 극소량의 철분만을 이용할 수 있다. 그래서 어떤 세균은 철분을 붙잡고 있는 물질을 분해해 철분을 얻기도 하고 적혈구처럼 다량의 철분을 함유하고 있는 세포를 녹일 수 있는 복합 효소를 분비해 철분을 얻는 경우도 있다. 이런 이유로 인해 서식하는 세균의 집단 구조가 변화될 수도 있는데, 즉 하나의 세균집단이 만들어내는 물질이 다른 세균의 서식을 가능하게 하는 경우이다. Commensalism이 그 예인데, 하나의 세균집단이 만들어내는 비타민, 아미노산, 당 분자, 지방산 등을 다른 세균이 이용할 수 있고 심지어는 하나의 세균집단이 만들어내는 독성 물질을 다른 세균이 이용하거나 독성을 중화할 수도 있다. 실제로 구강 박테리아 중에 비타민 K를 만드는 놈이 있고 이를 이용해 자라는 다른 놈들도 있다. 또한 장, 피부 등에 자라는 Commensal 세균들 중에 이런 놈들을 흔하게 볼 수 있다. 다른 경우 Synergism은 서로 도움을 주는 아주 아름다운 관계이다. 왜냐하면 한 편에서 생산해낸 물질이 다른 편에게 중요한 영양분이 될 뿐 아니라 그 물질을 제거하는 게 그 물질을 만들어낸 놈에게 해로울 수 있기 때문에 서로에게 유익한 것이다. 더 나아가 상대방이 그 물질을 이용해 다른 놈이 필요로 하는 새로운 물질을 만드는 경우도 흔히 볼 수 있는데, 일반적으로 포도상구균(Streptococci)은 설탕을 이용할 수 있으나 Veillonella spp.는 설탕을 이용해 다른 물질을 만들거나 에너지를 얻어내지 못한다. 그런데 설탕의 대사 산물인 유산이 증가하면 포도상구균은 설탕의 대사를 저해 받게 되므로 해롭다. 이에 Veillonella spp.는 포도상구균이 설탕을 이용하는 것처럼 유산(Lactic acid)을 이용해 에너지를 얻으며 다른 필요한 물질의 생산에 사용할 수 있는 것이다. 그래서 세균 A가 살아가는 데 있어 세균 B가 이용할 수 없는 물질을 이용해 세균 B가 이용 가능한 물질을 생산해낼 뿐 아니라 세균 A에 유해한 물질을 제거해줌으로써 서로에게 큰 도움이 되는 경우가 우리 몸의 여러 곳에 서식하는 미생물들 간에 일어나고 있다.

그리고 여러 종류의 세균이 각각 다른 분해 효소를 생산해 하나의 세균이 생산한 효소만으로는 분해가 불가능한 물질을 분해하고 모두가 사용 가능한 영양물질로 변화시킴으로써 서로 더불어 살아가는 경우도 있다. 이에 반해 한 곳에서 하나의 세균이 자랄 때 만들어내는 물질이 다른 미생물의 서식을 불가능하게 만드는 경우도 있는데, 앞에서 말한 여성의 생식기에서 자라는 유산균이 생산하는 과산화수소가 다른 유해한 세균의 침입을 막아주는 경우가 전형적인 예이다. 이런 경우에서 보듯이 인간과 공생하는 미생물의 대부분이 여러 방법으로 인간으로부터 서식하는 장소와 필요한 물질을 공급받지만 그 대가로 우리에게 많은 이익을 주고 있다.

이제 구체적으로 우리가 어떤 이익을 보고 있는지 간단히 알아보려 한다. 우선 해로운 다른 세균의 서식을 제한하는 것이다. 극단적인 예로 무균 상태에서 자란 동물을 한 종류의 세균으로 감염 시키는 일이 일반 환경에서 자란 동물보다 세균에 따라 1,000배 내지 10만 배 적은 숫자로 가능하다고 하는데 이 실험이 시사하는 의미는 굉장히 크다. 바꾸어 말하면 인간이 미생물과 공생함으로써 1,000배 내지 10만 배 더 강한 저항력이 생겼다고 볼 수 있는데 이는 참으로 대단한 것이다. 이 실험이 시사하는 다른 점은 각 개인의 Microbiome의 Microbiotype을 최적화할 수만 있다면 건강에 많은 도움이 될 수 있다는 것이다. 동물 실험에서 쥐를 무균 사육할 경우 여러 장기의 발달에 많은 영향을 준다. 특히 소장, 폐, 간, 심장 등의 크기가 현저하게 줄어들며 다른 각 부위의 정상적 면역 기능 조직의 발달이 비정상적으로 변하는 것은 물론, 항체의 생산량이 줄고 백혈구의 수도 감소하며 대식세포(Macrophage)의 활성이 감소하는 등 여러 물리화학적 비정상 현상이 일어난다. 그런데 이들 변화 중에는 정상 미생물 서식을 복원함으로써 정상 상태로 회복되는 경우가 있다. 무균 상태에서의 동물 사육은 극단적인 예이지만 항생제 복용에 의한 정상 Microbiotype의 변화는 일상생활에서 종종 있는 일이다. 유해성 대장균이나 효모의 서식은 보통 아주 낮은 편이나 어떤 항생제의 복용은 유익한 미생물의 수를 줄이는 반면 병원성 미생물의 과다 성장을 초래해 증상을 유발하는 경우가 종종 있다. 항생제 복용에 따른 정상 미생물의 분포 변화로 초래되는 증상 중에 우리가 잘 알고 있는 것은 항생제 복용 후 설사 증상이 생기는 것이다. 이는 Clostridium difficile이라는 세균의 과다 증식에 의해 장 벽이 파괴되고 설사와 심한 장염을 일으키는 경우이다. 이런 세균은 병원에서 감염되는 경우도 많은데 포자 상태로 몇 개월간 살 수 있으며 세제에도 저항력이 있어 가능하다. 이밖에 항생제의 종류에 따라 다른 종류의 항생제 내성 병원성 세균의 과대 증식으로 인해 발병되는 경우도 있는데, 특히 면역력이 약화된 환자나 노인들은 항생제 사용 시 주의해야 한다. 과거에 대장은 물이나 무기물질을 흡수하고 배설물을 외부로 보내는 것이 주된 기능으로 인식되었으나 최근 들어 장 속에 살고 있는 1kg이나 되는 많은 미생물을 통해 상당한 소화 기능을 수행하며 숙주의 영양물질 공급에도 큰 역할을 한다는 것을 알게 되었다. 비타민은 비록 소량이 필요하나 우리의 삶에 꼭 필요한 영양소인데 상당량을 장 속에 서식하는 미생물들이 만들고 있다. 비타민 B12는 적혈구의 생산에 필요하고 DNA의 생합성에 중요한 역할을 하며 결핍 시 빈혈 증상을 유발한다. 식물성 식품에는 없고 주로 동물성 식품으로부터 얻을 수 있는데 소장에 서식하는 여러 종류의 세균이 비타민 B12를 만들므로 이를 이용할 수 있다.

다른 여러 종류의 비타민은 주로 대장에 사는 다양한 세균들이 생산한다. 대표적인 것이 비타민 K, 엽산, 바이오틴, 비타민 B2, 니코틴산, 피리독신 등으로 우리 몸의 세포 안에서 일어나는 여러 가지 생합성, 분해 등 생화학 반응에 없어서는 안 되는 중요한 것들이다. 또한 장 속에 서식하는 미생물들의 역할 중 가장 대표적인 것은 우리가 못하는 각종 섬유질을 분해 · 소화하는 일이다. 서구식 식사를 통해 먹는 섬유의 양이 매일 10~25g이지만 동양인은 이보다 더 많을 것으로 생각된다. 이를 소화해 우리 몸에 공급하는 영양소는 양적으로도 무시할 수 없다. 섬유질의 종류에는 식물 세포의 세포막을 형성하는 셀룰로오스, 헤미셀룰로오스, 펙틴 등이 있고 이외에 이눌린, 구아(Guar), 카라야(Karaya) 등이 있는데, 우리 몸에서 생산되는 소화 효소로는 이들을 분해할 수가 없다. 감자, 바나나, 콩 등에 존재하는 전분은 조리하지 않으면 소화할 수 없으며 쌀, 감자, 옥수수에는 과도하게 여러 번 조리하면 소화할 수 없는 특별한 형태의 전분이 존재한다. 이들은 모두 대장에 서식하는 세균이 분해해 우리 몸에 흡수되며 여러 복합 단백질은 장에서 여러 세균의 협력으로 소화 흡수된다. 대표적으로 라이신, 트레오닌 같은 중요한 아미노산은 혈액 속 함량의 1~20%가 장에 서식하는 미생물 덕분에 얻어진다. 또한 칼슘 같은 중요한 무기질의 흡수도 장에 서식하는 세균이 돕고 있다고 한다. 또한 중요한 것은 인간이 소화할 수 없는 물질로부터 세균이 짤막한 지방산을 생산하는 것인데 주로 섬유질이 주요 소재가 된다. 이러한 지방산은 초산(Acetic acid, 식초의 주성분), 프로피온산(Propionic acid), 부틸산(Butyric acid)이 주된 것들이다. 대장 벽을 이루는 상피세포층의 세포는 70%의 에너지를 이들 지방산으로부터 얻는 것으로 알려졌다. 또한 지방산이 이들 세포의 다른 생물학적 기능을 조절하는 중요한 역할을 담당하는 것으로 알려졌다. 물론 이런 짤막한 지방산은 흡수되면 숙주가 에너지를 획득하고 다른 물질을 생산하는 데 원료로 사용된다. 최근에는 지방산이 장의 건강 상태 유지에 직접적인 관련이 있는 것으로 알려지고 있다. 이는 면역 반응과 관련이 있는데 여기서 취급하기는 너무 전문적일 수도 있다. 하지만 건강과 관련된 중요한 내용이므로 간단히 결론부터 이야기하면 이들 짧은 지방산이 장의 염증을 막아준다는 것이다. 장염은 심할 경우 대단한 고통을 가져오는 병으로 장에 생기는 염증이 주 원인인데 주로 서양인에게서 많이 발생한다. 대표적인 것이 IBD(Inflammatory Bowel Disease, 염증성 장병), 크론(Crohn)병 등으로 장에 심한 염증이 생겨 일어나며 장을 절단해야 하는 등 심각한 병이다. 서양인이 섬유질 음식을 적게 먹기 때문에 짧은 지방산을 제대로 만들지 못해 일어나는 병일 가능성이 크다. 여하튼 장에 서식하는 세균들은 우리가 사용할 수 없어 버리는 물질, 즉 섬유질을 소재로 우리가 사용할 수 있는 짧은 지방산들을 생산할 뿐 아니라 장에 염증이 일어나는 것도 막아준다.

짧은 지방산이 어떻게 이런 일을 할 수 있는지 좀 더 구체적으로 알아보려면 우리 몸의 면역세포에 관해 알아야 한다. 면역 반응에 직접 관여하는 백혈구는 크게 둘로 나뉘며 그 중 하나가 항체를 생산하는 B 임파구와 T 임파구이다. T 임파구는 그 기능이 대단히 복잡하다. 대표적인 T 임파구는 세포성 면역을 주동하고 다른 임파구들은 여러 측면에서 면역 반응을 조절하는 일을 수행한다. 제7장 우리 몸의 방어 체계'에서 더 자세하게 다루겠지만 T 임파구 중에는 면역 반응을 상향 혹은 하향 조절하는 놈들이 있다. 이 중에 하향 조절을 하는 놈들을 조절 T 세포(Regulatory T cell, Treg)라 하는데 세균이 생산한 짧은 지방산이 Treg를 선별적으로 증폭시켜 장에서 염증을 일으키는 면역세포의 기능을 하향 조절함으로써 염증을 막고 장을 보호하는 역할을 한다. 특히 프로피온산이 제일 효능이 크다고 한다. 옛 어른들이 좋은 식초를 먹으면 건강에 좋다는 말을 하셨는데 식초는 초산이 주 성분이지만 발효식품이라서 짧은 지방산의 혼합물일 가능성이 높다. 따라서 순수 초산을 희석한 식초보다는 발효 식초가 더 좋을 수밖에 없다. 실제로 최근 쥐를 대상으로 한 실험에서는 장에 서식하는 세균이 세포핵 속의 Transcription factor의 하나인 RORt(Retinoic acid receptor related orphan receptor gamma t)를 발현시켜 Treg로 분화시키는 역할을 하며, 이는 실제로 장에만 존재하는 독특한 Treg 세포로서 장의 염증 반응을 해소하는 기능을 갖는 것이 판명되었다. 재미있는 것은 무균 사육한 쥐에게 부틸산을 음식과 함께 투여하거나 장에 서식하는 세균을 먹이면 독특한 Treg 세포가 생긴다는 점이다. 뒤에서 면역학을 다룰 때 좀 더 자세히 말하겠지만 이 발견은 면역학적으로도 아주 중요하다.

지금까지 인간과 더불어 살아가는 미생물들이 우리에게 가져다주는 긍정적인 영향을 알아보았다. 그렇다면 우리 몸의 유익한 세균을 이용하면 건강 증진이 가능한 것인지 간략하게 알아보자. TV 광고에서 Metchnikoff가 요거트(Yogurt)나 치즈 같은 우유 발효식품의 건강 증진 효과를 강조하는 것을 보았는데 이는 사실이다. 광고에 메치니코프를 등장시킨 것은 그가 20세기 초에 유제품의 유익함을 강조하고 체계적으로 연구한 사람이기 때문일 것이다. 우유 발효식품에는 살아 있는 유산균, 비피도박테리아(Bifidobacteria) 같은 우리 몸에 유익한 세균이 포함되어 있어 장에 들어가면 앞에서 말한 것과 같은 여러 가지 좋은 건강 효과를 가져온다. 그래서 서양뿐 아니고 우리나라에서도 유제품을 통해 생균을 직접 섭취하는 게 상당히 보편화되고 있다. 이렇게 건강보조식품으로 먹을 수 있는 유익한 세균들을 Probiotics라 하는데 Probiotics에 포함된 세균의 종류 및 각 세균이 건강에 미치는 효과에 대한 연구는 향후 우리들의 건강 증진에 크게 영향을 줄 것으로 전망된다. 넓은 의미에서 소화기 계통의 장뿐만 아니라 우리 몸의 다른 모든 부위에 서식하는 세균, 즉 유익한 세균과 병을 유발하는 세균의 건전한 균형 유지는 물론, 나쁜 세균의 침입에 대해서도 Probiotics를 이용해 방어 및 치료가 가능할 수 있다. 특히 최근에 항생제 내성 악성 세균의 출현이 대단히 큰 문제인데 Probiotics가 이 문제 해결에 도움을 줄 것으로 전망된다. Probiotics에 해당되는 세균은 주로 Lactobacillus와 Bifidobacterium인데 좋은 소식은 한국인은 김치라는 Probiotics를 계속 먹음으로써 Lactobacillus를 섭취하고 있다는 것이다. 그리고 Bifidobacterium은 모유를 먹고 자란 아이들의 장에 많다고 한다.

서양인에게는 치즈나 요거트가 앞의 두 좋은 세균의 주 공급원이라고 할 수 있다. Probiotics라는 용어와 함께 알아둘 유행어는 Prebiotic인데 Probiotics(복수)가 식용 유용 세균들을 의미하는 것처럼 우리 몸에 유용 세균의 번식을 조장하는 식품을 Prebiotics라 한다. 위에서 말한 각종 섬유질이 대표적인 Prebiotics에 속한다. 실제로 세균 감염에 의한 난치병 중 하나가 항생제 내성의 Clostridium difficile이라는 병으로 미국과 유럽에서 매년 62만 5,000건이 발생하며 심하면 생명을 잃기도 하는 심각한 병이라 한다. 요사이 정상적인 사람의 대변을 이식(Fecal Microbiota Transplantation, FMT)하는 것이 이런 병의 치료에 가장 좋은 치료법으로 알려져 있다. Clostridium difficile은 정상적인 사람에게는 장 내의 Clostridium이 원래 아주 작은 부분인데 항생제의 사용이나 다른 이유로 이 비율이 변해 Clostridium이 우세하게 되어 일어난 병이다. Probiotics를 사용해 장 내의 Microbial population(Microbiota)의 비율을 정상 상태로 바로잡음으로써 CDI(Clostridium Difficile Infection)를 치료하는 방법이다. 90% 이상 효능이 입증되었고 재래식 치료가 계속 재발을 일으키는 데 비해 FMT 치료는 영구적이라 한다. 옛날에 시골에서 심하게 체하면 똥물을 먹여야 산다는 이야기를 들은 적이 있는데, 21세기 의학이 똥물을 먹이는 치료를 실시하고 있다니 기가 막히는 이야기다. 물론 직접 먹이지는 않고 관을 이용해 장에 주입(Oral gavage)하는 것인데 방법이 진전되었다고는 하나 믿기 어려운 이야기다. 여하튼 이를 시작으로 향후 여러 가지 병을 치료하는 데 대변이식(FMT) 혹은 Microbiota Transplantation (MT)가 이용될 전망이다. 실제로 제왕절개 분만 아이들에게서 자주 일어나는 알러지, 비정상적 면역기관 발달, 비만, 천식 등의 치료에 어머니의 생식기에 있는 박테리아를 이식하는 연구가 이루어지고 있다. 그리고 미국에서는 대변은행(Stool bank)이 생길 전망이며 이에 대한 식약청의 가이드라인이 곧 만들어질 것이라고 한다. FMT와 관련된 아주 드라마틱한 실험이 있는데 이는 비만에 관한 것이다. 일란성 쌍둥이에서 하나는 비만한 사람, 다른 하나는 날씬한 사람을 골라 이들의 대변을 모아 무균 사육한 쥐에게 먹였더니 비만한 사람 대변을 먹은 놈은 비만해지고 날씬한 사람 대변을 먹은 놈은 날씬하게 자랐다. 우리 몸의 각 기관에 살고 있는 Microbiota 각각의 박테리아와 이들이 숙주의 건강에 미치는 영향을 알아서 각 환자에게 맞는 이상적인 MT가 이루어질 것이다. 실제로 미국 국립보건연구소(National Institutes of Health)는 2008년 Human Microbiome Project(HMP)를 통해 많은 사람들을 대상으로 콧구멍, 구강, 피부, 소화기관, 비뇨생식기 등 몸의 15~18곳에서 살고 있는 미생물을 채취해 종류를 확인하고 건강 상태와의 연관성 등에 관해 깊이 있게 연구하고 있다. 각종 병에 따라 꼭 필요한 미생물들을 실험실에서 길러 바람직한 Probiotics 형태로 조제해 이식하는 날이 조만간 도래하기를 기대한다.

우리 몸 안에 살고 있는 미생물의 종류가 건강에 얼마나 큰 영향을 주고 있는지 잘 보여주는 사례 중 하나로 Checkpoint blockade immunotherapy라는 암 치료법이 있는데 이는 암 환자의 면역세포가 암세포를 지속적으로 공격해야 하는데 암세포를 처치하는 면역세포가 생겼다가 곧바로 무력화되어 암세포를 잡아 죽이지 못하는 것을 막아(Block) 면역세포를 재활시켜 암을 치료하는 방법이다. 이를 간략하게 말하면 암세포를 처치하는 면역세포는 T 임파구 중에 CD8 T cell이라는 놈이 활성화되는 과정을 보면 우리 몸 안에 존재하는 여러 종류의 항원(Antigen)을 인식하는 처녀 T 세포(Naïve T cell, 항원을 만나보지 못한 T cell이란 뜻)가 암세포에 존재하는 항원을 만날 때 활성화되어 그 암을 처치하는 특정 CD8 T cell(Cytotoxic T cell)이 많이 불어나 암세포를 잡아 죽일 수 있게 되는 것이다. 모든 면역 반응은 활성화되면 목적 달성 후 반드시 약화되어 소수의 Memory cell(기억세포)만 남게 되며 후에 똑같은 항원을 만나면 신속하고 강한 면역 반응을 일으킨다. 그런데 대부분의 암에서는 활성화되었던 암 특유의 CD8 T cell이 임무를 완성하기 전, 즉 암세포를 모두 잡아 죽이기 전에 사그라지게 되어 CD8 T Cell의 수가 감소하므로 무력화된다. 면역학자들이 면역 반응의 무력화 과정을 연구해 CD8 T cell 표면에 있는 수용체인 PD-1(Programmed cell Death protein-1)이 PD-L1(PD-1 ligand, 암세포나 Antigen presenting cell 표면에 나타남)을 만나게 되면 면역 반응이 저지된다는 것을 알아냈다(이에 관해서는 후에 면역 반응 이야기에서 더 자세히 말할 것이다). 이에 암 치료 의약품 제조회사가 PD-1, PD-L1에 대한 항체를 만들어 이들에 달라붙어 이들의 기능을 무력화시키는 CD8 T cell을 계속 활성화해 암세포를 계속 공격 · 처치할 수 있는 제품으로 개발했으며 이런 제품을 Immune checkpoint blockade therapy라 한다. PD-1과 PD-L1이 만나(Immune checkpoint) 상호작용함으로써 CD8 T cell의 활성화 저지를 차단(Blockade)하므로 면역 세포의 활성을 계속 유지하여 항함 효과를 보는 항암제인 것이다. 이 제품은 난치의 말기 Melanoma(흑색종양), Non-Small Cell Lung Cancer(주로 담배 피우는 사람의 폐암), Renal Carcinoma(콩팥, 요도암) 등에 효능이 입증되었는데 환자에 따라 잘 듣는 사람과 무반응자가 있는 것으로 알려졌다. 그런데 최근 연구에 의하면 이는 환자의 장 내에 살고 있는 Microbiota에 의해 좌우된다. 한 예로 Melanoma 환자를 대상으로 실시한 실험 결과를 보면 PD-1에 대한 항체로 면역 치료를 받은 환자 중 장에 있는 박테리아 Faecalibacterium이 우세하면 CD8 T cell이 증가하고 암 치료 효과가 나타난 반면에 다른 박테리아균 Bacteroidales가 우세한 사람에게서는 Regulatory T cell과 다른 면역 반응을 저지하는 요인들이 관찰되었으며 치료 효과도 나타나지 않았다. 그래서 무균 상태에서 사육한 쥐를 두 그룹으로 나누어 한 그룹은 면역 치료에 무반응자의 대변을 이식하고 다른 그룹은 치료 효과가 있는 환자의 대변을 이식한 후에 이식한 미생물이 정착해 살고 있는지를 확인한 후 암세포를 주사해 암이 어느 정도 자란 다음 면역 치료(Immune checkpoint blockade therapy)를 실시했다. 그 결과 예상했던 대로 치료 효과가 있는 사람의 대변을 받은 그룹은 암이 자라지 않은 반면 치료에 무반응한 환자의 대변을 받은 그룹에서는 효능이 나타나지 않았다. 이런 실험을 통해 환자의 장에 Bifidobacterium, Gram negative 박테리아인 Akkermansia, Faecalibacterium이 우세하면 치료 효과가 나타난다는 것이 밝혀졌다. 이들은 모두 유산균과 더불어 유익한 박테리아로 오래 전부터 잘 알려진 미생물들이다. 이에 반해 토양이나 사람의 장에 사는 Gram negative 박테리아인 Bacteroidales가 장에 우세하면 환자가 치료에 반응을 보이지 않는다는 것을 알아냈다. 이상의 결과는 인간의 장 내 Microbiota, 즉 미생물군이 면역 반응에 얼마나 큰 영향을 주고 있는지 잘 보여주고 있다. 앞에서 살펴본 바와 같이 장 내 미생물군이 우리 몸의 정상 발달에 얼마나 중요한 역할을 하는지, 또 인간의 여러 가지 질병과 심대한 연관이 있음이 확인되었다. 향후 생물학자들의 깊은 연구는 우리의 삶에 지대한 영향을 가져올 것이 분명하다.

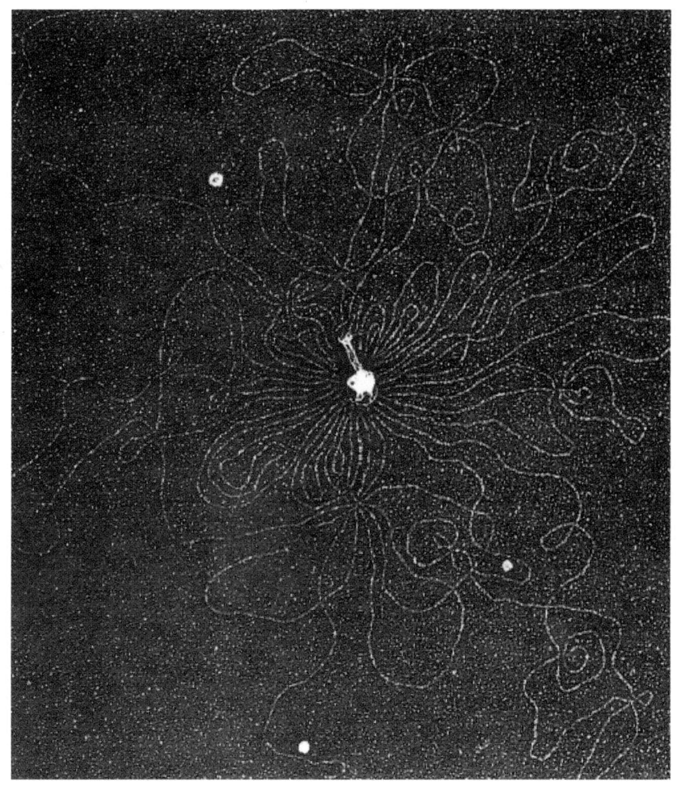

▲ 박테리아에서 자라는 한 개의 바이러스가 유전체로 갖고 있는 DNA를 풀어 놓은 전자 현미경 사진. 가운데 흰색 부분이 바이러스다.

사람은 세포마다 2개의 염색체를 갖고 있어 한 개의 세포가 갖고 있는 DNA의 길이는 약 2m이다. 우리 몸이 약 60조의 세포로 되어 있어 한 사람이 갖고 있는 DNA의 총 길이는 120조 m이다. 이는 지구에서 태양까지 거리가 1억 5천만 km이니 한 사람이 갖고 있는 DNA란 실은 지구에서 태양까지 400번 왕복이 가능한 길이이다.

04
유전인자의 발현

Chapter 04

유전인자의 발현

유전자의 발현은 모든 생명체의 생물학적 현상의 이면에 있는 이유다. 바이러스가 바이러스인 것과, 나아가 생물학적으로 인간이 인간인 것은 갖고 있는 유전인자들과 그들의 절제된 발현에 의한 것이다. 그런 이유로 유전자의 발현과 조절에 관한 생물학은 생물학의 진수라 할 만하다. 이에 이 장에서는 분자생물학의 핵심이기도 한 유전인자의 발현에 관해 이야기하려 한다. 유전인자는 RNA 바이러스를 제외하고는 모두 DNA로 되어 있다. 그리고 하나의 생명체가 갖고 있는 유전자의 총집합을 유전체(Genome)라 하는데 바이러스는 대략 수천에서 20만 미만 bp로 된 DNA(혹은 RNA)로 되어 있고 유전자 수는 대략 100개 미만이다. 물론 이에도 예외가 있다(제2장 참조). 또한 대표적인 세균(E. coli, 대장균)은 460여만 개 bp로 된 외줄의 DNA를 갖고 있으며 유전자 수는 4,500개 미만이다. 그리고 가장 고도로 발달한 인간은 30억 bp로 된 DNA가 24종의 염색체에 나누어져 있고 총 유전자 수는 대략 2만 개인 것으로 알려져 있다. 이처럼 생명체가 발달하면 할수록 더 많은 유전자를 갖고 있을 것으로 생각할 수 있으나 반드시 그런 것은 아니다. 예를 들어 벼 같은 식물은 유전자 수가 5만 7,000개나 된다고 하며 쥐만 해도 2만 7,000개나 되는 것으로 알려져 있다. 유전자란 한 개의 단백질 혹은 RNA(기능성 및 구조적 RNA)를 만드는 데 필요한 정보(DNA 염기 서열)를 갖고 있는 DNA 가닥을 말한다. 한 유전자의 길이는 그로부터 생산되는 단백질이나 RNA의 크기에 따라 결정된다. 하지만 유전자의 발현을 조절하는 부위와 진핵성 세포 유전자는 Exon이라는 단백질의 아미노산 서열을 결정하는 부분과, Intron이라는 단백질의 1차 구조의 서열 결정과는 무관한 부분으로 되어 있기 때문에 생산되는 단백질 크기로부터 예상할 수 있는 DNA 길이보다 더 긴 부위를 차지하고 있다. 유전자의 발현은 대단히 복잡한 과정을 거쳐 일어나는데, 필요에 따라서만 발현되고 나머지 필요 없는 유전자들은 닫혀 있게 된다. 이렇게 유전인자들이 닫히고 열리는 것을 조절하는 것을 유전자 발현의 조절이라 하는데, 이는 정교하고 섬세한 기작(Mechanism)을 통해 이루어진다. 그리고 DNA를 유전체로 갖고 있는 생명체의 유전자 발현에 있어서 유전자 정보의 흐름을 살펴보면 유전자의 원본(DNA) 전사(Transcription) 본인 RNA로 DNA dependent RNA polymerase라는 효소에 의하여 만들어지고 이 전사본을 토대로 단백질 분자로 번역(Translation)되어 나온다는 사실을 알 수 있다. 그리고 Exon, Intron 구조를 갖고 있는 유전자에서 만들어진 RNA는 복잡한 단계를 더 거치는데 Intron RNA를 모두 제거하고 단백질의 1차 구조를 결정하는 mRNA로 된다. 이 mRNA가 단백질로 번역될 때 RNA의 세 염기가 하나의 아미노산을 정한다. 예를 들어 RNA 서열이 AAA(triplet codon이라 함, A는 아데닌)이면 Lysine으로 번역하고 Codon이 AUG이면 Methionine으로 한다. 그래서 한 단백질의 아미노산의 순서는 유전인자의 전사본인 RNA(mRNA, messenger RNA)의 염기 서열에 의해 결정되는 것이다(모든 아미노산에 해당하는 Codon은 어느 생화학 교과서에서나 찾아볼 수 있다). 만들어진 단백질 혹은 RNA는 각각 독특한 생물학적 기능을 갖고 작동해 생명체로서 기대되는 모든 기능을 수행하게 된다. 그런데 인간의 경우 2만여 개의 유전인자가 한 몸을 이루는 수십조 개의 세포에서 일제히 발현되어 모든 단백질과 RNA를 한꺼번에 만들어내는 것은 불필요하며 오히려 병적인 일이다. 우리가 잘 아는 바와 같이 수십조 개의 세포들은 여러 조직으로 나누어져 각각 다른 일들을 수행하고 있다. 이와 같이 여러 조직 혹은 기관이 다른 일을 수행한다는 것은 각 조직 · 기관이 수행하는 독특한 일에 필요한 유전자들만 발현되고 다른 유전자들은 닫혀 놓는 것이 상식적이고 이치에 맞기 때문이다. 따라서 유전자의 발현은 조절되어야 한다. 이와 같이 특정 조직에서 특정 유전자들은 발현되도록 하고 다른 유전자들은 발현되지 못하게 하는 과정을 분화(Differentiation)라 한다. 예를 들어 분화된 세포는 분화된 상태로 남아 있어야 한다. 만약 탈분화(De-differentiation)되어 닫혀있어야 할 유전인자가 발현되면 큰 문제가 될 수 있다. 만일 세포 분열을 촉발하는 유전인자라면 암으로 진전될 가능성도 있다. 따라서 유전인자의 발현은 절제되어야 하고 필요에 따라서만 발현되어야 한다. 물론 세포에 따라 조금씩 다르기는 하지만 세포의 생존에 필요한 기본 물질(ATP, 단백질 등)의 생산 및 공급에 필요한 효소(단백질)를 만드는 유전인자들은 거의 조절 기능의 제한 없이 항상 열려 있다. 이런 유전자들을 집안 유지 유전자(House keeping genes)라 하고 항상 열려있는 상태를 Constitutive expression이라 한다. 이제부터는 잘 연구되어 있는 비교적 간단한 바이러스를 예로 들어 시작하고, 다음으로 박테리아, 그리고 진핵세포에서 어떻게 유전자 발현이 일어나는지에 관한 이야기로 이어갈 것이다. 바이러스 외에는 아주 잘 알려진 몇 개의 대표적인 유전자 사례만을 알아보게 될 것이다. 유전인자의 발현과 그 조절에 관한 이야기를 본격적으로 하기 전에 유전자 발현에 주역을 담당하고 있는 DNA dependent RNA polymerase에 관해 알아보아야 한다. 이는 효소인데 DNA를 주형으로 해 유전인자를 이루는 부분을 전사함으로써 그 유전자 DNA 염기 서열과 일치하는 RNA를 전사한다. 이는 유전인자 발현에 주역을 맡은 놈인데, 그렇다고 제 맘대로 일하는 독재자는 아니다. 세포 안팎에서 일어나는 모든 상황을 세포가 갖고 있는 신호 전달 체계를 통해 상황을 전달받아 감지함으로써 필요에 따라서만 움직이는 아주 지혜로운 놈이다. 박테리아의 그것을 예로 들면 5개의 독립된 단백질이 모여 분자량이 39만으로 상당히 거대한 분자이다. 이 놈이 DNA의 Promoter라는 특정한 염기 서열을 갖는 부위에 부착해 RNA 합성을 시작하는데, Sigma factor(σ)라는 단백질 하나가 앞에서 말한 5개의 단백질 덩어리에 추가되어야 한다. 그리고 Sigma factor는 유전자의 종류에 따라 다를 수도 있다. 대장균에서는 7개의 다른 놈들이 알려져 있다. 일단 Promoter에 부착하면 DNA를 주형으로 RNA가 만들어지는데 매초당 50~90개의 염기가 첨가된다. 그리고 전사가 시작되면 Sigma factor는 RNA polymerase에서 떨어져나간다. 진핵세포에 있는 RNA polymerase는 더 복잡하다. 우선 RNA polymerase I, II, III 세 종류가 있어 각각 RNA polymerase I은 Ribosomal RNA, RNA polymerase III는 tRNA라는 특별한 RNA(이 둘은 단백질 생합성에 관여한다)를 만드는 데 전문화되어 있고, RNA polymerase II는 mRNA(단백질을 만들 때 사용하는 RNA 주형)를 만드는 데 사용되는 효소이다. 따라서 우리는 주로 RNA polymerase II에 관한 이야기에 초점을 맞추고자 한다. 진핵세포의 RNA polymerase는 박테리아의 그것에 비해 더 복잡하다. 박테리아에 있는 놈은 위에서 말한 대로 다섯 개(α, α, ω, β, β', Alpha, Alpha, Omega, Beta, Beta prime)의 단백질이 모여 만들어졌지만 진핵세포에서는 12개의 단백질(Subunit)이 모여 50만 이상의 분자량을 갖는 거대한 복합 단백질 분자이다. 이에 추가해 박테리아의 Sigma Factor와 유사한 역할을 하는 TFIIX(Transcription Factor II, X=A, B, D, E, F 등)가 있어야 Promoter에 자리 잡게 되어 RNA 합성이 시작될 수 있는데 이들을 General transcription factor라 한다. 이외에 여러 개의 단백질이 DNA 전사의 조절 기능에 참여하고 있다. 이는 대단히 복잡하고 거대한 단백질 복합체이다. 여하튼 이들의 역할은 모두 Promoter라는 독특한 서열을 갖는 DNA 부위에 부착해 그 Promoter에 연결되어 있는 DNA의 전사본을 만들어내는 것이다. RNA 전사본이 완성되면 RNA polymerase의 역할은 끝을 맺는데, 이 역시 끝을 알리는 특수한 DNA 염기 서열을 인식해 일어난다. 유전인자는 한 단백질의 아미노산 서열 혹은 RNA의 염기 서열을 결정하는 정보 외에 유전자 발현을 조절하는 염기 서열과, 어디에서 시작해 어디에서 끝내는지 등에 관한 모든 정보를 갖고 있다. 이제 유전인자의 발현에 관한 이야기로 되돌아가자. 박테리아에서 자라는 바이러스, 즉 Bacteriophage(진핵세포에서 자라는 놈들은 바이러스라 한다)라는 비교적 간단한 놈들에 관한 이야기로부터 시작한다. 이들은 그 생활 주기가 50분 미만의 간단한 생명체로서 대장균 같은 박테리아와 더불어 초기 분자생물학 발전에 많은 기여를 해왔고 다른 바이러스 연구에도 기초가 되어왔다. Bacteriophage는 20세기 초 처음으로 프랑스 미생물학자 펠릭스 델레(Felix d'Herelle)에 의해 발견되었다. 그는 숙주 박테리아를 완전히 분해해 처치하는 데 초점을 두고 그 당시 감염성 박테리아의 치료에 활용해보려고 시도했었다. 그러다 그 후에 항생제 개발로 잠잠해졌다가 1990년대에 미국에서 다시 박테리아 감염 치료제 개발을 목표로 몇몇 회사가 시도했으나 성공적 제품으로 개발된 것은 없었다. 그러나 요즘 강력한 항생제 내성 박테리아가 출현하자 또 다시 박테리아 치료제로써의 활용 가능성이 제기되고 있다. 다른 한편으로는 분자생물학, 분자유전학의 발전에 있어 초기의 중요한 발견은 거의 모두 Bacteriophage의 연구에서 이루어졌다 해도 과언이 아니다. 실제로 DNA 자체가 유전물질이라는 것도 1952년 Bacteriophage의 연구에서 판명되었다. 분자생물학의 시조라 할 수 있는 Salvador Luria, Max Delbruck 같은 사람도 Phage 연구로부터 그런 명성을 얻게 되었으며 1969년 노벨상은 Delbruck, Luria, Alfred Hershey 세 사람에게 주어졌다. 이제부터는 잘 알려진 Bacteriophage

(파지 혹은 패지)의 생활사에 관해 알아보려 한다. 이는 전반적으로 분자생물학의 기본과 바이러스의 이해에 도움이 되고, 분자생물학에 어떤 내용이 포함되어 있는지를 알아보기에 좋은 예라 할 수 있다. 이 세균 바이러스가 살아가는 데 어떤 방식으로 유전인자의 발현 조절이 이루어져 생활 방식이 달라지는지 알아보려는 것이다. λ phage는 구조적으로 Icosahedral(20면체) 몸통인 Head를 갖고 있으며 머리 길이의 3배나 되는 긴 꼬리를 갖고 있다. 유전체는 4만 8,514bp로 된 DNA 바이러스로, 바이러스 중에서는 제법 큰 축에 속한다. λ phage는 대장균의 Maltoporin이라는 세포막에 있는 아주 미세한 구멍에 긴 꼬리 끝에 있는 가는 실을 부착함으로써 바이러스의 DNA를 박테리아의 세포 속으로 주입해 감염이 시작된다. Maltoporin은 원래 박테리아의 세포 속에 Maltose(두 분자의 포도당이 결합해 이루어진 분자, 맥아당이라 함, 엿의 주성분) 같은 영양소를 외부로부터 반입하는 데 사용하는 일종의 미세 통로인데, 이것이 λ Phage의 수용체 역할을 하고 있는 것이다. 앞에서도 말한 바와 같이 많은 바이러스들이 숙주세포의 표면에 있는, 살아가는 데 필요한 여러 가지 구조물을 이용해 숙주세포에 감염한다. 그리고 앞 장에서 말한 대로 이런 다양한 바이러스 감염을 가능하게 하는 숙주세포의 세포 표면 구조물을 바이러스 연구의 관점에서는 바이러스 수용체(Virus receptor)라 한다. 또한 각 바이러스가 감염할 수 있는 세포가 한정되어 있는 것은 세포 속의 일들도 중요하지만 일차적으로는 그 기능에 따라 세포마다 다른 세포 표면 구조물들을 갖고 있기 때문이다. 이런 이유로 특정 바이러스는 감염에 필요한 바이러스 수용체를 갖고 있는 세포에만 감염이 가능하다. 이는 독감 바이

러스처럼 숙주세포 표면의 당 분자일 수도 있고 HIV처럼 단백질로 되어 있을 수도 있다. λ phage로 되돌아가자. phage DNA가 세포 속에 들어가면 DNA 끝부분이 구조적으로 서로 Base pairing에 의해 붙게 되어 있어 둥근 동그라미 DNA가 만들어진다. 그리고 λ phage DNA가 숙주세포 속에 들어가면 숙주세포의 기본 유전자 발현 효소 등을 이용해 두 개의 λ phage 고유의 단백질이 만들어지고, 이어서 그 다음 단계로 몇 개의 단백질이 더 만들어진다. 이때 λ phage는 중요한 결정을 하게 된다. 즉 바이러스가 증식해 세포를 깨트리고 나와 다른 세포에 퍼지는 방식의 생, 즉 Lytic cycle(용해 주기)로 가느냐, 아니면 바이러스 DNA가 숙주세포의 유전체에 끼워 들어가 숙주세포의 DNA와 통합해 분열할 때 함께 분열해 조용하게 사는 방식, 즉 Lysogenic life cycle(용원성 생활 주기)로 가느냐이다. Lytic cycle을 선택한 놈은 감염 후 대략 45분 만에 세포 속에서 증식한 다음 세포를 용해하고 100여 마리의 새로운 바이러스를 탄생시킨다. 반면에 용원성 생활 주기를 선택한 놈은 전에 Retrovirus가 숙주세포의 DNA와 통합된 것처럼 숙주세포 유전체의 일부가 되어 남게 된다. 전에 이를 Provirus라 칭했듯이 Phage의 경우는 Prophage라 한다. Prophage는 예를 들어 세포에 UV 광선을 쪼인다든지 등의 환경 변화가 일어나면 숙주 DNA로부터 떨어져 나와 Lytic cycle로 들어가게 된다. 이제 λ phage가 어떻게 이런 선택을 할 수 있는지 알아보려 한다. 이에 적용되는 원리는 다른 바이러스를 포함한 모든 생물체들이 살아가는 데 적용되는 분자생물학적 기본 원리이다. 특히 유전자의 발현이 어떻게 조절되어 때로는 닫혀서 조용히 남아 있고 때로는 열려서 작동하는지 그 원리를 말해주는 기초가 되고 있다. 간단한 Bacteriophage에서 어떻게 이런 정교한 일들이 진행되고 있는지 알아보는 것은 고등생물의 유전자 발현을 이해하는 데도 도움이 된다. 물론 세균 바이러스 유전자 발현 방식은 가장 기본적이고 원시적인 것이 사실이다. λ phage 역시 생명체 중에서 아주 간단한 놈이라서 생활 주기가 짧고 실험실에서 쉽게 배양이 가능하기 때문에 분자생물학의 초기 연구 대상이 되어온 것이다. 물론 λ phage는 뒤에서 이야기할 Transposable elements나 Retrovirus에 비해 훨씬 더 복잡한 바이러스이다. 갖고 있는 유전인자 수만 해도 50여 개나 된다. 그럼에도 이들은 많은 숙주세포의 유전자 발현 물질(숙주세포 고유의 기능성 단백질)의 도움을 받아 살아가고 있다. 우선 비교적 간단한 Lytic cycle에 관해 알아보겠다. 기본적으로 알아둘 것은 대부분 바이러스의 유전인자들은 발현되는 시기에 따라 3단계로 나누어진다는 점이다. 첫 단계는 Immediate early genes의 발현인데 유전인자의 전사와 이를 통해 생산되는 단백질들이 감염 즉시 생산된다. 두 번째 단계는 Delayed early genes의 발현이며, 세 번째 단계는 Late genes의 발현이다. 이런 유전자 발현 방식은 다른 진핵세포 바이러스의 생활사에서도 유사하게 나타난다. 그리고 이렇게 일사분란하게 유전인자가 발현될 수 있는 것은 λ phage 유전체가 갖고 있는 유전자 정보, 즉 독특한 DNA 서열과 순차적으로 유전자가 발현되어 만들어지는 단백질 간의 상호작용 덕분이다. 따라서 이에 대한 이해는 다른 생명체 들이 유전자 발현 조절을 어떤 방식으로 실행하고 있는지를 알 수 있게 해준다. 또한 이처럼 간단한 원시적인 생명체가 살아가는 데도 이토록 복잡하고 정교한 조절 기능이 작동하고 있는데, 하물며 인간 세포처럼 수백 배(유전자의 수로 볼 때 약 400배, DNA의 크기로 볼 때 6만배 이상) 복잡한 체계에서 일어나는 일들이 어떠할지 상상해보면 참으로 생물학자들이 해야 할 일들은 태산 같다. Coliphage(E. coli; 대장균에서 자라는 바이러스) 중 하나인 λ phage에 대한 연구가 이 바이러스 생활사에서 유전인자의 발현 기작을 거의 완벽하게 알아낼 수 있었던 이유는 이 바이러스의 생활 주기가 짧고 각 단계에서 단백질을 순수 분리해 연구할 수 있었기 때문이다. 또한 여러 가지 배양 조건의 변경 및 돌연변이의 유발이 비교적 쉽고 돌연변이가 바이러스의 생활에 미치는 영향 등을 연구하는 게 가능했기 때문에 λ phage가 분자생물학의 초기 연구의 좋은 대상이 되어온 것이다. λ phage 의 생활 방식은 앞에서 말한 두 가지 방법 외에 흔한 경우는 아니지만 Episome(세포 속에 독립된 환상 DNA)으로 독립한 상태로 남아 있는 경우도 있다. 그러나 여기서는 그에 관해서는 취급하지 않겠다. 앞에서 이 바이러스의 한 가지 생활 방식을 Lytic pathway (–growth, –mode of growth, –cycle)라 하고 다른 방식을 Lysogenic life(Lysogenic mode)라 한다 했는데, 이에 Prophage를 품고 있는 숙주를 Lysogen이라 한다. λ phage가 갖고 있는 50여 개의 유전인자 중에서 앞에서 말한 두 가지 생활 방식을 좌우하는 데 어떤 유전인자가 어떠한 역할을 하고 있는지 알아보면 Lytic mode of growth를 선택할 때와 Lysogenic life mode로 가게 되는 이면에 작용하는 분자생물학적 원리를 이해할 수 있게 된다. 이 원리를 이해하기 위해선 우선 유전인자들이 DNA 선상에 어떻게 배열되어 있는지 알아두는 것이 중요하다. 우선 cI 유전자를 중심으로 오른쪽에는 P_RO_R, cro, tR1, y, cII, O, P, tR2, Q

등 여러 개의 구조단백질을 만들어내는 유전인자가 있고 cI 유전자의 왼쪽에는 P_LO_L, N, tL1, cIII, PI, int 등의 유전자들이 순서대로 배치되어 있다. 물론 이들은 λ phage의 긴(50kbp 이상) 유전체 DNA상에 있는 위치를 말하는 것이다. 이런 유전자 배열이 알려지게 된 것은 1970년대 말이다. 그 당시에는 이처럼 긴 DNA의 염기 서열을 결정할 수 없었기 때문에 순수 유전학적 방법으로 이런 업적을 이루었는데 참으로 대단한 일이다. 이 중에 두 개의 유전인자, 즉 N과 cro는 λ phage DNA가 숙주세포에 들어가면 즉시 숙주세포의 유전자 발현 체계(DNA 전사 → RNA 해독 → 단백질)를 이용해 다른 간섭 없이 발현된다. 이 둘이 바로 Immediate early gene product들이다. 이들의 기능에 관한 자세한 이야기는 나중에 다시 하겠지만 유전자 cro로부터 만들어지는 단백질 pcro(p는 Protein)는 λ phage가 생산하는 Repressor(유전자 억제체, RNA 중합 효소가 DNA 전사를 만들지 못하게 차단하는 놈) 중의 하나이다. N 유전자로부터 생산된 단백질(pN)은 RNA 중합 효소가 DNA 전사를 해나가다 Stop 사인에 도달하면 작업을 끝내야 하는데, 이를 지나쳐 계속 전사를 만들어가도록 하는 놈을 Antiterminator라 한다. 그러나 나머지 다른 유전인자들은 이 두 유전자의 발현물질, 즉 단백질의 영향을 받아 열려 있을 수도 있고 닫혀 있을 수 있는데, 이는 전적으로 바이러스가 갖고 있는 생명의 비밀이다. 또한 꼭 같지는 않지만 크고 작은 모든 생명체가 유전인자의 발현을 조절할 때 활용하는 비법이기도 하다. λ phage의 50여 개 유전인자들은 각각 독특한 기능을 갖고 있어 유전자 발현의 조절 요인으로, 혹은 단백질을 생산해 바이러스 자체의 몸통 구조를 형성하는 데 필요한 단백질들이다. 그리고 일반적으로 같은 기능에 관여하는 유전인자끼리 모여 다함께 열리고 닫히게 된다. 이는 지극히 순리에 맞는 것이다. 예를 들어 바이러스의 몸통을 만드는 데 필요한 부품, 즉 단백질이 여러 개(21개, 모두 고유의 유전인자로부터 만들어진 것들임)인데 특별한 이유 없이 각각 다른 장소에 위치해 적절한 시기에 다함께 만들어지지 않는다든지 또는 바이러스 감염 직후에 몸통을 만드는 단백질만 대량 생산된다면 쓸모 없는 것들이 될 것이며, 이는 모든 생명체가 지키는 원칙을 어기는 것이다(모든 생명체의 활동은 가장 경제적으로 이루어진다). 따라서 같은 기능에 관여하는 유전인자들은 다함께 모여 같은 조절 기능의 지배 하에서 다함께 적절한 시기에 발현되거나 닫히게 되는 것이 순리에 맞는 원칙이다. 이처럼 같은 조절 기능의 지배를 받는 유전자의 모임, 즉 단위를 분자생물학에서는 Operon이라 부른다. 예로서 세균에서 유당(Lactose)의 대사에 관여하는 유전인자들은 한데 모여 Lactose operon을 이룬다. 그리고 한 개의 Operon에는 유전자들을 전사할 때 주 역할을 하는 효소인 RNA polymerase가 부착하는 Promoter라는 DNA 부위가 있고, 또 Promoter에는 Operator라는 부분이 있어 주변 상황을 감지해 Operon에 속해 있는 유전자의 발현을 할 것인지 닫아 놓을 것인지를 결정(DNA 서열)한다. 앞에서 밝힌 P_R이 바로 Promoter인데 R(right)은 오른쪽 유전인자들의 전사가 시작되는 Promoter, 즉 RNA polymerase가 부착하는 DNA 서열이 있는 곳이고 이 Promoter가 열리고 닫히는 것을 결정하는 Operator(O_R) 부위가 포함되어 있다. 여기에서도 R은 오른쪽 방향으로 DNA전사가 진행된다는 것을 표시한 것이다. DNA는 특별한 경우 외에는 두 가닥으로 되어 있어

RNA polymerase가 전사, 즉 DNA를 전사해갈 때는 둘 중에 한 가닥만을 전사하므로 한 가닥의 전사가 오른쪽으로 진행되면 다른 가닥의 전사는 왼쪽으로 진행될 수밖에 없다. 왜냐하면 앞에서 말한 대로 DNA, RNA 중합 효소 모두 3'OH에만 염기를 첨가(중합)하는 방식으로 DNA, RNA를 합성해가기 때문이다. 따라서 P_R은 오른쪽에 위치하는 유전인자들의 발현을 시작하는 Promoter이고 P_L은 왼쪽에 위치하는 유전인자들의 발현을 이끌어가는 Promoter이다. 물론 고등생물의 유전자 발현은 매우 복잡해 박테리아나 바이러스처럼 명확하게 구분하기가 어려우나 기본 원리는 대체로 생명체 전반적으로 적용된다. Operon, Operator, Promoter라는 단어들은 물론 처음에는 박테리아, 바이러스의 연구에서 시작된 분자생물학 학술 용어들이다. 그리고 우리말 번역이 쉽지 않다. 이 시점에서 한 가지 더 짚고 넘어가야 할 사항은 각 유전자를 Cistron이라는 단어로 표현하기도 한다는 점이다. 바이러스나 세균의 경우 종종 하나의 Operon에 속해 있는 유전인자들이 함께 발현되어 하나의 긴 mRNA로 전사되어 나오는 경우가 있는데, 이런 RNA를 Polycistronic RNA(혹은 Polycistronic mRNA)라 부른다. λ phage도 그 한 예로서 구조단백질을 만드는 전사체 RNA는 Polycistronic mRNA로 전사되어 나온다. 그리고 여기서 만들어진 여러 개의 다른 단백질은 합성 후에 분리되는 과정을 거쳐 개개의 단백질이 되는 경우와, 처음부터 개개의 단백질을 만드는 mRNA로 만들어진 다음 단백질이 만들어지는 경우가 있다. 따라서 하나의 Operon에서 First cistron이라 하면 이는 그 Operon의 첫 번째 유전인자란 말 이다. λ phage는 유전자 전사를 통한 유전자 발현을 조절할 때 두 가지 전략을 사용한다. 첫째는 Repressor(특정 단백질)가 Operator에 부착해 Promoter에 RNA polymerase가 접근 부착해 DNA 전사를 시작하지 못하게 함으로써 Operon의 Promoter를 닫아놓아 관련된 유전자 혹은 유전자들의 발현을 막는 방법이고 둘째는 Antiterminator(이 역시 특별한 단백질임)로서 역할을 하는 경우인데, 이는 앞에서 말한 대로 DNA를 전사할 때 RNA polymerase가 DNA를 읽어가다 Termination sequence(위에서 tR1, tL1, tR2)를 보면 그 지점에서 RNA 합성을 끝내야 하지만 Antiterminator가 Termination site를 어떤 방법으로든 건너가 다음 유전자의 전사를 계속하게 하는 방법이다. 그런데 바로 λ phage가 감염해 제일 처음 만들어지는, 앞에서 말한 N 유전자의 산물인 pN이라는 단백질이 Antiterminator이고 cro라는 유전자의 산물인 pcro(피크로라 읽음) 단백질이 Repressor이다. pN(protein N)은 Promoter P_L(왼쪽 방향으로 전사를 시작하는 Promoter left)에서 시작해 전사되어 나온 RNA를 번역해 만들어진 단백질이다. P_L promoter에서 시작한 DNA 전사는 tL1이라는 Terminator에서 RNA polymerase가 탈락해 DNA 전사가 끝나게 되어 pN만 만들어진다. pcro는 PR(promoter right) promoter에서 시작해 DNA를 오른쪽 방향으로 전사해 만든 RNA를 번역해 만든 단백질인데, tR1에서 DNA 전사효소 RNA polymerase가 탈락되어 pcro만 만든다. 따라서 pN, pcro는 Immediate early gene의 생산물이다. 그리고 초기에는 그 이상 진전을 못하지만 pN이 양적으로 어느 정도 만들어져 축적되면 양쪽에 존재하는 Terminator(tR1, tR2, tL1)를 건너뛰게 함으로써 다른 Delayed early 유전자들의 전사가 이루어진다. 이때에 만들어지는 단백질 중에는 λ phage가 숙주 DNA에 통합하는 데 필요한 효소들과 λ phage DNA 증식에 필요한 단백질에 추가해 Q, cII, cIII 유전자들에서 만들어진 단백질들이 생산되는 것이다. 따라서 여기까지는 λ phage가 숙주세포에 감염해 기본적으로 발현되는 유전인자들이다. 이때 Phage는 중대한 결정을 내린다. 즉 Lytic cycle로 들어가 증식한 다음 많은 새로운 바이러스를 만들어 세포를 용해하고 밖으로 나오는 방식으로 가느냐, 혹은 phage DNA를 숙주세포 DNA에 통합해 Prophage 상태로 남느냐 하는 것인데, 이때 주위 환경이 중요한 역할을 한다. 영양 상태가 풍부하면 Lytic cycle을 선택해 바이러스를 많이 생산하지만 영양 상태가 좋지 않으면 Lysogenic life cycle을 선택한다. 이 시점에서 pQ(Protein Q, Antiterminator로서 t'R이라는 Terminator를 극복하게 함)의 역할이 중요하다. 이는 pN과 다른 종류의 Antiterminator로 Phage의 Late gene expression을 가능하게 함으로써 온전한 Phage의 조립에 필요한 모든 단백질을 생산 가능하게 한다. 이때쯤 되면 phage DNA도 30여 전사본으로 증가해 짧은 시간 안에 많은 Phage 구조단백질을 만들어 성숙한 Phage를 조립할 수 있게 해 Phage의 Lytic cycle이 완성된다. 이에 반해 Lysogenic life cycle로 들어가는 데는 cI 유전자 발현물질(λ repressor라 함)이 중요한 역할을 하는데, 전적으로 cro protein과의 상대적 양에 의해 결정된다. 이 두 Repressor는 모두 같은 Operator에 부착하지만 cro protein은 Lytic cycle로 이끌어가고 cI는 Lysogenic life cycle의 삶으로 유도한다. 그런데 여기에서 Delayed early gene product인 cII, cIII가 cI 유전자 발현에 결정적인 역할을 한다. 이를 좀 더 구체적으로 알아보려면 두 개의 Promoter, 즉

P_{RE}과 P_{RM}에 대한 설명이 필요하다. 전자는 cI 유전자의 앞쪽 y 유전자가 있는 곳에 있으며 P_{RM}은 P_R와 겹치는 위치에 있다. 그런데 이 둘 다 cI 유전자 발현을 시작할 수 있는 Promoter이지만 λ phage가 처음 감염했을 때는 P_{RE}(E는 Establishment, 시작하는 Promoter)에서 cI mRNA가 전사되기 시작하고 Lysogeny 과정이 확립된 후에는 P_{RM}(M은 유지, Maintenance)에서부터 cI mRNA가 만들어진다. 그런데 여기에서 P_{RE} promoter는 약한 Promoter이기 때문에 cII 유전자 생산 단백질 pcII가 P_{RE}에 달라붙어야 RNA polymerase가 들어와 cI 유전자를 P_{RE} Promoter로부터 전사해나갈 수 있으므로 pcII는 마치 진핵세포에서 유전자 전사인자(Transcription factor)처럼 작용한다(뒤에 자세히 말함). 그래서 pcII는 Lysogeny로 가는 데 일등공신이다. 여기에서 pcIII는 pcII를 보호하는 역할을 하는 단백질인데, 이는 pcII가 숙주세포에 있는 단백질 분해 효소에 의해 쉽게 파괴되기 때문이다. pcII는 또 다른 방법으로 Lysogeny로 가는 것을 돕는데 pcII가 P anti-Q라는 Q 유전자 안에 있는 Promoter에 부착해 Antisense Q mRNA를 만들어내어 Q mRNA에서 단백질을 만들지 못하게 함으로써 Lytic cycle로 가는 데 일등공신인 Antiterminator pQ의 생산을 못하게 해 Lysogeny로 가도록 돕는다. 무슨 말이냐 하면 이는 다음 장에서 이야기할 microRNA와 같은 것인데, 가령 Q mRNA에 ------UAUA AUG AAA------로 된 염기 서열이 있다고 하면 이에 Antisense RNA는 ------AUAU UAC UUU------이다. 그래서 이 둘이 서로 만나면 핵산의 성격상 서로 붙게 되어 있으므로 이 mRNA는 단백질 생합성에 사용될 수 없어 pQ를 만들지 못한다. 이런 방식으로 유전인자 발

현을 못하게 조절하는 방법은 다른 진핵세포에서도 유전자 발현을 조절하는 데 사용되는데, λ phage가 이를 사용하는 것이다. 여하튼 pcII가 Lysogeny로 가는 데 중요한 일을 수행하는 것은 물론, λ phage가 구비하고 있는 가장 고급의 조절인자인 것이다. 그리고 λ phage가 선호하는 유전자 발현 조절 방식과 비슷한 방법으로 P_{RE}에서 시작해 cI 유전자를 발현할 때 만드는 mRNA는 cro(cro promoter는 cro 유전자의 왼쪽에 있음) 유전자를 반대 방향으로 전사해간다. 그 때문에 실제로 만드는 cI mRNA의 일부는 cro mRNA의 Antisense RNA라서 cro mRNA와 결합하게 되므로 cro mRNA를 단백질로 번역할 수 없게 만들어 cro의 생산을 못하게 함으로써 cro에 의한 Lytic cycle로의 진입을 원천봉쇄해 Lysogeny로 가는 것을 돕는다. 여기에서 Repressor(cI)는 진짜로 희한한 놈으로 Promoter P_L, P_R의 operator에 달라붙어 이들로부터 시작해 발현되는 유전인자들을 폐쇄함으로써 조기에 생산하는 단백질들이 못 만들어지게 한다. 하지만 한편으로 P_R operator에 부착한 놈은 P_{RM} promoter를 활성화해 자기 자신, 즉 cI의 생산을 증진시킨다. 이런 일이 가능한 이유는 P_R와 P_{RM}의 위치와 전사해가는 방향성 때문에 P_R은 폐쇄하고 P_{RM}은 열어 놓아 P_{RM}을 이용해 pcI를 계속 생산해냄으로써 λ repressor(cI)의 양을 계속 일정량으로 유지하는 것이 가능하고 Prophage 상태로 계속 유지할 수 있기 때문이다. 그러나 만일 어떤 방법으로든 용해(Lysis)를 유도하면 cro에 의해 P_{RM}으로부터 cI 유전자의 발현을 저지할 뿐 아니라 cro는 P_{RE}를 저지한다. 그러면 이제 어떻게 cI나 cro 유전자 발현 물질이 이런 일을 할 수 있는지 알아보려 하는데, 이를 이해하려면 이 둘이 영향력을 행사하는

Promoter와 Operator들이 어떻게 DNA 선상에 조직되어 있는지 알아야 한다. O_R은 3구획으로 나누어져 있는데 이들을 각각 O_{R1}, O_{R2}, O_{R3}라 하는데 P_R은 O_{R1}과 O_{R2} 영역 반을 차지하고 P_{RM}은 O_{R3}와 O_{R2} 영역의 나머지 반을 차지하고 있다. cI 유전자 산물인 Repressor는 작용할 때 개개의 단일 분자가 일하는 것이 아니고 반드시 2개의 분자가 합해 한 덩어리가 되어야 제 기능을 발휘하는데, O_{R1}이 친화력이 제일 강해 우선 O_{R1}에 달라붙게 된다. 이렇게 되면 O_{R2} 위치에 다른 pcI(이때도 pcI dimer, 2pcI)가 달라붙게 되는데, 이런 식으로 한 곳에 부착한 분자가 다음 자리에 붙는 것을 조장하는 현상은 분자생물학에서 단백질 분자 사이에 자주 볼 수 있는 일이다. 이를 Cooperative binding이라 하는데, 이는 첫 위치에 부착한 분자가 다음 위치에 부착을 쉽게 만드는 것을 말한다. 이는 O_{R2}에 친화력을 증가시키기 때문이다. 이렇게 O_{R1}과 O_{R2}가 cI에 의해 점령되면 P_R의 기능은 상실되지만 P_{RM}은 오히려 활성화된다. 그런데 만일 cI 단백질의 농도가 아주 높아서 cI가 O_{R3}에 달라붙게 되면 P_{RM} 의 기능이 저지되나 cI의 농도가 Lysogen에서는 높지 않아서 O_{R3}는 비어 있고 Lysogen은 유지된다. pcro 역시 P_R과 P_{RM}에서 전사가 시작하는 것을 저지할 수 있는데 pcro도 세 Operator 부위에 부착할 수 있기 때문이다. O_{R1}, O_{R2}에 부착하면 P_R이 저지되고 O_{R3}까지 점령하면 P_{RM}이 닫히는데, 이는 RNA polymerase가 부착하는 장소가 O_{R3}의 일부와 겹치므로 pcro가 O_{R3}를 점령하면 PRM은 열려 있을 수가 없게 된다. 더욱이 pcro는 pcI와 달리 O_{R3}에 대한 친화력이 가장 강해 O_{R3}에 강하게 달라붙는다. 지금까지 O_R에 관해서만 이야기를 했는데 O_L 역시 O_R와 비슷하게 O_{L1}, O_{L2}, O_{L3}

로 구획되어 있으며 cI, cro은 O_R의 각 구획에 대한 친화력과 같은 정도로 부착한다. 그리고 이들 Operator와 Promoter의 DNA 염기 서열은 1980년대 이전에 모두 결정되어 명확하게 확인되었다. 각 구획은 17bp의 길이이고 각 구획은 6~7bp 간격으로 분리되어 있다. 그리고 구역 간 염기 서열의 차이는 불과 몇 개의 염기뿐이며 잘 보존되어 있다. 이들 구역에 cI, cro가 부착해 수행하는 기능도 다르지만 각 구역에 달라붙는 방식도 다르다. 앞에서 말한 대로 cI는 O_{R1}, O_{L1}에 친화력이 강하지만 cro는 O_{R3}, O_{L3}에 친화력이 가장 강하다. 또한 cI는 Cooperative binding을 하는 반면에 cro는 구획 간 협력 부착을 일으키지 않아 한 구획에 부착한 놈이 다른 분자가 그 다음 구획에 들어오는 것을 촉진시키지 못한다. 그리고 Repressor cro는 cI 유전자 발현을 저지할 수 있기 때문에 초기에 cro의 양이 많으면 Lysogenic cycle로 진입할 수가 없다. 그리고 한 가지 알아두어야 할 것은 Repressor cro는 P_L, P_R의 Operator 위치의 DNA에 부착함으로써 자기 자신을 포함한 조기 유전자에서 만들어지는 단백질 생산을 저지하지만, Repressor cI는 cro와 달라서 Operator(O_R, O_L)에 부착해 이들에게서 시작하는 조기 유전자 발현을 저지하는 동시에 자기 자신의 생산은 더 증진시킨다는 점이다. 지금까지 Operator에 관한 이야기를 해왔는데, 이제 간단하게 Promoter는 어떻게 일을 하는지 알아보자. Promoter는 RNA polymerase가 부착해 DNA의 전사를 시작하는 DNA의 독특한 염기 서열을 말하는 것이다. Phage의 숙주인 대장균의 여러 유전자를 연구해본 결과 유전자 발현이 시작되는 염기를 기점으로 위로 올라가 35(−35)번째 염기 근처와 10(−10)번째 염기 근처에 소위 말하는 Consensus sequence가 있어 이 공인된 염기 서열이 정통 서열에서 벗어나면(Mutation) RNA polymerase의 접근 부착에 여러 가지로 영향을 준다. 예를 들어 P_R은 P_{RM}에 비해 비교적 강한 Promoter인데, 이는 P_R이 −10 근처에 공인 서열에서 한 개의 염기가 치환되어 있는 데 비해 P_{RM}은 세 위치에서 염기가 치환되어 있다. 이와 같이 Promoter의 강약을 결정하는 데 염기 서열이 중요한 요인이 되고 있다. −35 근처에선 P_R은 공인 서열에서 한 개의 염기가 다르고 P_{RM}에선 한 개의 염기가 누락되어 있다. 더욱 더 신기한 것은 P_{RM}은 cI가 부착함으로써 그 강도가 높아지며 정반대로 P_R은 cI에 의해 완전히 닫혀지게 되어 RNA polymerase가 그곳에서 시작해 전사를 하지 못한다는 점이다. 이처럼 특정한 단백질에 의해 유전자의 전사가 조절되는 일은 진핵성 세포에서도 많이 볼 수 있는데, 이렇게 DNA 전사를 조절하는 단백질을 Transcription factor라 한다. 어떻게 cI가 한 곳(P_R)에서는 기능을 저지하는 반면 다른 곳(P_{RM})에서는 활성화하는지는 잘 연구되어 있지만 이곳에서 다루기는 너무 전문적이다. 많은 경우 Operator는 단일 구획으로 되어 있는데 왜 λ phage는 복잡하게 여러 구획으로 이루어져 있느냐 하는 것은 cI가 한편으로는 용원성 상태를 유지하면서 외부에서 신호가 들어오면 바로 용해성 생활 방식으로 전환하기 알맞게 하기 위해서이다. 그리고 cI는 용원성 생활 방식으로 가는 데 중요한 유전인자이다. cI에 돌연변이가 일어나 기능을 잃게 되면 Phage는 용원성 생활 방식은 있을 수 없고 항상 용해성 생활 방식으로만 살아가게 된다.

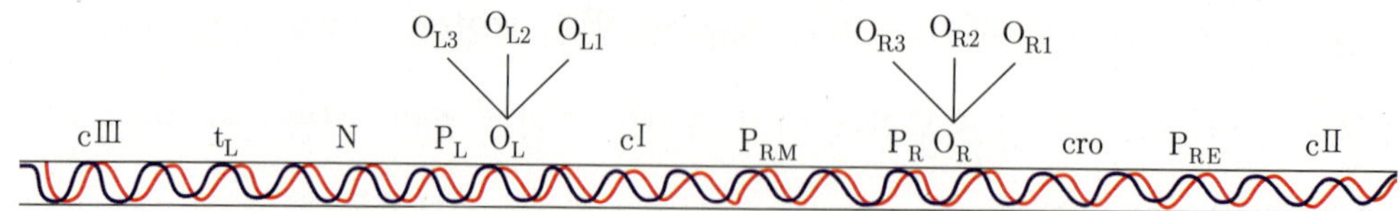

▲ 이 그림은 λ Bacteriophage의 몇 개의 유전인자의 배치도이다. 이는 유전인자의 발현에서 이야기를 알기 쉽게 하기 위해 몇몇 유전인자의 상호 위치를 표시한 것뿐 실제 유전인자의 DNA 선상에 거리 크기와는 무관하다.

결국 순발력 있게 어떤 경우에는 안정적으로 용원성 생활 방식을 유지하다가 외부 환경이 변화하면 곧바로 용해성 생활 방식을 전환할 수 있도록 관여하는 단백질(pcro, pQ, pcI, pcII)들과 유전인자 자체가 조직되어 있다. 이제 간단하게 요약하면 충분한 양의 cI가 존재하면 이 놈이 O_{R1}, O_{L1}과 O_{R2}, O_{L2}를 점령하고 있어 P_R, P_L이 닫히게 되고 P_{RM}의 기능이 활성화되어 cro를 포함한 N 등 초기의 유전자 발현이 불가능해진다. 그 반면 cI는 계속 만들어져 용원성 생활 방식을 유지한다. 하지만 외부 환경, 즉 UV 광선이나 영양 상태의 변화가 오면 cI가 감소되고 cro가 O_{R3}에 부착하면 P_{RM}의 기능이 마비되므로 cI가 더 이상 만들어지지 않아 용해성 생활 방식으로 전환된다. 그리고 용해성으로 전환되는 데는 Antiterminator pN에 추가해 다른 종류의 Antiterminator pQ가 필요하다. 이는 Late gene의 발현을 가능하게 하는데 10개의 Head gene, 11개의 Tail gene과 바이러스가 완전히 조립되면 숙주세포를 용해해 새로운 바이러스를 밖으로 배출한다. 이때 필요한 2개의 유전자들이 Late gene product들이다. 지금까지 바이러스(Bacteriophage)에서의 유전자 발현이 생활사와 어떻게 관련되어 있는지 알아보았다. 하지만 박테리아나 진핵세포 생물의 삶을 전반적으로 알아보는 것은 거의 불가능할 정도로 복잡하고 해결해야 할 일이 너무도 많다. 따라서 박테리아와 진핵세포에 관한 이야기는 앞에서 말한 대로 단편적인 이야기를 통해 대략 어떤 방식으로 이루어지는지 짐작할 수밖에 없다. 수적으로만 봐도 유전자 수가 바이러스는 수십 개인데 비해 박테리아는 수천 개이며 진핵세포는 수만 개이다. 구조적으로도 바이러스의 유전체는 일단 세포 안에 들어가면 발가벗은(Naked) DNA(혹은 RNA)이고 박테리아도 비교적 열린 구조로 되어 있어 대부분이 노출 상태이지만 진핵세포의 유전체는 단백질과 DNA가 결합된 탄탄한 구조로 되어 있다. 이럴 수밖에 없는 이유가 고등생물, 특히 인간은 유전체, 즉 DNA의 길이가 세포의 길이에 비해 턱없이 길기 때문이다. 대장균은 850배이며 인간[30억 bp로 되어 있고 10.5bp가 36 Angstrom(1cm=10의 8승 Angstrom)이니 관심 있는 분은 계산해보기 바람]은 대략 2m(염색체가 한 쌍임)이므로 이처럼 긴 DNA 실을 0.01mm 크기의 세포핵 속에 보관하려면 특별한 방법이 필요하다. 대장균은 비교적 간단한 Nucleoid라는 구조물로 압축되어 있고 세포의 원형질막 벽에 부착해 있어 세포가 타원형이므로 끝이 없는 동그란 DNA가 타원형 막을 따라 배치되어 있다. 그리고 1만~4만 bp 길이의 DNA가 주기적으로 고리를 이루고 있다. 이에 반해 진핵세포에선 더 복잡하고 탄탄한 구조로 되어 있을 수밖에 없다. 우리가 잘 알고 있는 염색체는 DNA와 단백질의 복합 구조물인데, 이는 세포 분열 시에 나타나는 압축된 DNA를 담고 있는 세포 내 구조물이다.

사람의 체세포엔 46개(23개는 모계에서, 23개는 부계에서 유래함), 생식세포엔 23개가 들어 있다. 그리고 30억 bp의 DNA가 24종의 염색체에 나누어져 있다. 세포 분열이 끝나면 염색체는 풀어져 한 가닥으로 된 실 모양으로 되는데 이를 Chromatin이라 한다. 그리고 이런 상태에서 유전자 발현이 되고 또 세포 분열을 준비하는 DNA 증식이 일어난다. 여기에서 Chromatin이 실처럼 풀어졌다 해도 DNA는 단단히 압축된 상태로 Nucleosome이라는 DNA와 단백질로 된 여러 개의 반복되는 실꾸리로 연결되어 있다. Nucleosome이라는 실꾸리는 Histone이라는 단백질이 모여 실패를 만들고 이에 DNA가 감기어 있다. Histone은 H1, H2A, H2B, H3, H4로 5종이 있는데 H1을 제외한 다른 4종의 히스톤이 각각 2분자씩 모여 총 8분자의 히스톤으로 만들어진 둥근 실패에 DNA 실이 감기어 있다. 그리고 한 실패에는 147bp DNA가 감기어 있고 54bp 사이를 건너 또 다음 Nucleosome이 연결되는 형식으로 계속 이어지고 있다. 그래서 Nucleosome 사이사이에 있는 54bp DNA를 Linker DNA라 하고, 이에 한 분자의 H1 histone이 부착되어 있어 이로 인해 Nucleosome 사이의 거리가 더 죄어지게 된다. 그런데 Nucleosome 실꾸리들은 아주 깔끔하게 되어 있지 않고 각 구성 Histone에서 너덜거리는 꼬리가 나와 있어 유전자 발현에 상당한 영향력을 행사하고 있다. 그리고 몇 개의 Histone 변형(아미노산 서열 변화)이 알려져 있다. 이들이 경우에 따라 정통 Histone과 바꾸어 들어가는데 이들 역할이 유전인자의 발현에 중요한 영향력을 행사한다. 또 주로 밖으로 나온 꼬리에 메틸기(Methylation) 혹은 에틸기가 첨가된 것과 아미노산 종류에 따라 인산화된 것이 있다. 이들 역시 유전자 발현에 중

대한 역할을 하고 있다. 재미있는 것은 이들 변화가 세포 분열에서 다음 세대 세포에 전달되고 자손 세대로 물려진다는 점이다. 따라서 이런 변화가 유전자 발현에 중요한 영향력을 행사하고 있으며 후세에 유전되는 것이다. 유전자(DNA)에 들어 있지 않은 유전정보로써 유전자 형질 표현에 영향을 주는 유전을 Epigenetics라 한다. 이 때문에 같은 부모에서 나온 자식 간에 차이점이 나타나게 되는 것이다. 이는 우리 몸의 세포는 항상 같은 형질에 대한 유전자가 하나는 부계로부터, 다른 하나는 모계에서 온 것이기 때문이다. 예를 들어 모계에서 온 특정 유전자(DNA, Promoter) 부위에 메틸화되어 있고 부계에서 온 것이 메틸화되어 있지 않으면 그 유전자의 어머니 형질은 표현되지 않고 아버지에서 온 유전자만 발현된다. 형질이란 피부색, 성격, 암 유발인자 등과 관련된 것을 말한다. 지금까지 대략 유전인자(DNA)가 어떤 형태로 세포 속에 존재하고 있는지를 알아보았다. 바이러스나 세균에서는 유전인자(DNA)가 노출되어 있기 때문에 DNA dependent RNA polymerase가 거침없이 Promoter에 달라붙어 유전인자를 전사 발현하는 것이 가능하므로 바이러스나 세균은 비교적 짧은 시간 내에 증식하는 것이 가능하다. 이에 반해 진핵세포에서는 단단하게 묶여 있는 DNA를 열어놓는 것이 쉽지 않기 때문에 증식 주기가 길다. 지금부터는 박테리아와 진핵세포 생물에서 어떻게 유전인자가 발현되는지 알아보기로 한다. 우선 유전자 발현의 주역을 맞고 있는 RNA polymerase 가 박테리아에서는 비교적 간단하기 때문에 앞에서 말한 Sigma factor(서로 약간 다른 여러 종류가 있음)가 유전자의 Promoter에 부착하도록 인도함으로써 유전자의 전사가 시작된다. 하지만 진핵세포에서는 우선

DNA가 Nucleosome 형태로 단단하게 단백질과 결합되어 있어 Promoter 부위가 열려야 하고, 또 이에 RNA polymerase II가 부착하려면 여러 가지 요소(단백질)가 추가적으로 소요된다. 이런 추가 요소들을 Basal transcription factor 혹은 General transcription factor라 한다. 그리고 이들이 우선 Promoter 근처에 자리 잡아야 RNA polymerase가 들어설 수 있다. Promoter의 염기 서열도 박테리아보다는 다양성을 보이고 있다. Promoter 부위의 염기 서열의 다양성은 RNA polymerase가 얼마나 효율적으로 Promoter에 부착하느냐를 결정하므로 DNA 전사의 효율성을 나타내는 Promoter의 강약을 결정하는 요인이 되고 있다. 대개 Promoter는 염기 서열이 만들어지는 RNA의 첫 번째 염기를 중심으로 선행되는 100여 개 정도의 염기(bp)로 된 DNA 가닥으로 되어 있다. 하지만 앞 혹은 뒤로 수백 내지 수천 염기나 떨어진 위치에 Enhancer라는 특별한 염기 서열을 갖는 부위가 있다. 이에 Activator(전사인자, Transcription Factor, TF)라는 특별한 단백질이 부착하면 RNA polymerase가 Promoter에 부착함으로써 해당 유전자의 전사를 촉진한다. 재미있는 것은 멀리 떨어져 있는 Enhancer−activator 복합체를 Promoter에 끌어 모이는 역할을 하는 단백질이 있는데, 이를 Architectural protein(혹은 Architectural regulator)이라 한다. 이것은 Promoter와 Enhancer 중간에 부착해 DNA를 구부려 루프를 만들고 Enhancer−activator 복합체를 Promoter 근처로 모이게 한 다음 RNA polymerase complex가 Promoter에 부착하도록 하는 역할을 한다. 이제 대장균의 경우 어떻게 유전자의 발현이 이루어지는지, 특히 잘 알려진 Lactose(유당: 갈락토오스와 포도당이 결합된 이당류로 우유의 주성분)를 사용하기 위해 분해하는 효소의 생산이 어떻게 이루어지는지 알아보겠다. 대장균이 사용하는 주된 탄수화물은 포도당이다. 그래서 평상시에는 유당을 분해해 포도당과 갈락토오스로 만드는 효소(β-galactosidase)는 불과 몇 개 정도 세포 속에 존재하는데 이 박테리아를 포도당이 없고 유당만 존재하는 데서 자라게 하면 불과 2~3분 내에 1,000배로 늘어나게 된다. 적당한 조건만 맞추어주면 세포 전체 단백질의 5~10%가 β-galactosidase에 이를 수 있다. 이에 바이오텍 업체들은 이 강한 Promoter에 생산할 단백질의 유전자를 연결해 대량생산을 하기도 한다. 대장균에서 β-galactosidase를 만드는 유전자의 Promoter에는 두 개의 관련된 단백질 효소를 만드는 유전자가 추가적으로 연결되어 있어 Promoter-operator-lacZ, -lacY, -lacA로 되어 있다. 이를 Lac operon이라 한다. 앞에서도 말한 바와 같이 여러 개의 관련된 단백질을 만드는 유전자가 모여 하나의 Promoter의 조절 기능 하에 발현되는 경우를 Operon 이라 하는데, 생물체가 사용하는 유전자 발현 방식이다. 여기에서 유전자 lacZ는 β-galactoside(유당)를 분해하는 효소를 만드는 유전자이고 lacY는 β-galactoside를 세포 밖에서 안으로 운반하는 데 필요한 효소(β-galactoside permease)를 만드는 유전자이다. lacA 유전자 역시 β-galactoside를 화학적으로 변화시키는 효소를 만드는 유전자인데, 이는 Galactoside가 세포에 독성이 있어 이를 제거하는 역할을 한다. 앞에서도 말한 바와 같이 이 유전자들은 동일한 Promoter, Operator의 지배 하에서 다함께 열리고 닫히게 되는데 평상시에는 Operator에 lac repressor(lac I)가 자리 잡고 있어 Promoter가 닫혀 있다. 그런데 Inducer (β-galactoside 혹은 다른 유사물질)가 존재하면 lac I의 Operator DNA에 친화력이 감소해 Operator에 자리 잡고 있던 lac I가 물러나 Promoter가 열리게 된다. 그러면 RNA polymerase가 들어와 lac operon의 유전인자들이 발현된다. 이에 lac I는 λ repressor cI와 달리 Dimer(두 분자가 합한) 상태로 일하지 않고 Tetramer(네 분자가 합한 복합체)로서 일을 한다. 그리고 λ repressor cI는 단백질 단독으로 일 처리를 하는데 lac I는 Inducer(Galactoside)가 부착하면 Repressor 역할이 무력화된다. 즉 박테리아에서는 유전자 발현 조절에 있어 Bacteriophage(바이러스)보다 한 차원(Repressor+Small molecule inducer)이 더 복잡해졌다. 더 나아가 lac promoter에서 RNA polymerase를 받아들여 lac operon의 유전인자를 발현하는데는 또 한 차원의 조절이 요구된다. 이를 주도하는 놈은 CRP(Catabolic Repressor Protein) 혹은 cyclic AMP(cAMP) receptor protein이라는 단백질이다. 이 단백질은 dimer 상태로 일을 하는데 세포 내에 cAMP 농도가 낮으면 아무 일도 못하지만 cAMP 농도가 높아 CRP에 부착하면 CRP가 Transcription activator로 변신해 lac promoter 근처 DNA에 부착함으로써 Promoter에 RNA Polymerase가 들어올 수 있도록 해 lac operon의 유전인자들이 발현된다. lac operon의 3개 유전인자 발현은 이중으로 조절된다. 첫째는 Inducer(Lactose)가 lac operator에 부착해 있는 lac I(lac repressor)에 부착함으로써 lac I를 Operator DNA에서 떨어져 나가게 하고, 둘째는 cAMP가 CRP에 달라붙어 CRP를 활성화함으로써 Promoter 근처 DNA에 달라붙어 RNA polyme-rase로 하여금 Promoter에 들어가 유전인자를 전사해 발현되게 한다. 여기서 한 가지 알아둘 것은 Inducer

만으로도 소량의 유전자 발현이 일어나지만 cAMP-CRP에 의해 50여 배나 증가한다는 점이다. cAMP(cyclic Adenosine Monophosphate)는 ATP를 소재로 특별한 효소에 의해 만들어지는 물질인데, 세포 안에 포도당이 감소하면 만들어지고 포도당이 풍부하면 생산이 저지될 뿐 아니라 세포 밖으로 퇴출된다. cAMP는 여러 곳에서 조절물질로 사용되고 있어 Second messenger라는 이름이 붙기도 했다.

이제 진핵세포의 유전자 발현 이야기로 들어가는데, 기억할 것은 진핵세포에서 유전자(DNA)는 앞에서 말한 대로 Nucleosome이라는 탄탄한 구조의 일부로 8개의 Histone으로 된 실패에 감기어 있다는 점이다. 따라서 우선 이런 구조가 열려야 RNA polymerase II가 Promoter에 들어가 유전자의 전사가 일어날 수 있게 된다. 일반적으로 Nucleosome의 형태로 감기어 있는 DNA가 열리는 때는 세포 분열을 하기 전 DNA가 복제될 때 Histones(Histone octamer)에서 풀려 나오고, 여러 가지 방법으로 Histone에 변화가 일어날 때 DNA가 전사되도록 열리게 된다. 대장균에서처럼 RNA polymerase(5개의 단백질이 모여 이루어짐)에 Sigma factor만 더해지면 DNA가 전사되기 시작해 RNA가 만들어지는 것이 아니라 대단히 복잡한 과정을 거쳐야 한다. 우선 유전자 발현의 주역인 RNA polymerase II(12개의 단백질이 모인 Complex)에다 모든 유전자 발현에 필요한 6~7개의 General transcription factor가 더해져야 한다. 이에 Histone과 DNA의 결합을 느슨하게 하는 데 필요한 여러 개의 효소 혹은 단백질 요소가 집합되어야 하므로 결국 수십 개의 다른 단백질로 된 Complex가 만들어져야 유전자 전사가 시작될 수 있다. 이들의 역할은 주로 Nucleosome의 형태로 단단하게 결합되어 있는 DNA의 promoter 부위가 열려 RNA polymerase II를 포함한 Basal transcription factor complex가 들어갈 수 있도록 하는 것이다. 많은 경우 진핵세포에서는 Promoter로부터 수백 내지 수천 bp(때로는 수천 kb 이상) 떨어진 곳에 있는 Enhancer라는 독특한 DNA 가닥에 Activator(전사인자; Transcription factor)라는 단백질이 부착하는 것에서부터 시작된다. Chromatin의 구조 변화를 일으키는 데 필요한 효소들과 RNA polymerase II를 포함해 DNA 전사에 필요한 모든 요소, 즉 General transcription factors로 이루어진 복합체가 Promoter에 모여 DNA 전사가 시작되는 것이다. 따라서 Activator의 역할이 대단히 중요한데, Activator가 유전자(혹은 유전자들; Operon처럼 동일한 기능에 관여하는 유전자들의 모임)의 Enhancer에 부착해 그에 딸려 있는 유전자 혹은 유전자들의 발현을 가능하게 하므로 어느 유전자를 열 것인지 선택하는 데 결정적인 역할을 한다. 따라서 특정 Activator는 특별한 조직을 이루는 세포에만 존재한다. 예를 들면 항체를 만드는 데 필요한 정보를 갖고 있는 유전자를 여는 Activator는 면역세포에서 만들어지는 것이 순리이다. 그리고 상식적으로 Activator 자체는 주변 여건에 민감하게 반응할 수 있어야 하는데 실제로 그러하다. 이런 주변 여건과의 교감에 의해 한 유전자가 열리느냐 닫히느냐가 결정되기 때문에 때로는 대단히 복잡한 신호 전달 체계를 거치게 되므로 진핵세포 생물에선 유전자의 발현이 복잡한 단계를 거쳐 일어난다. 박테리아의 경우 Lactose operon은 Inducer만으로도 유전자들을 열 수 있으나 주변 여건, 즉 세포 속에 포도당이 감소했다는 신호를 cAMP라는 신호 전달자를 통해 받았을 때 CRP와 협조해 유전자의 발현이 수십 배 증가하는 것을 알았다. 작용 기작이 꼭 같지는 않지만 진핵세포의 경우도 Activator는 세포 내외의 주변 여건을 감지하는 역할을 한다. 어떤 세포에선 세포질 속에 작용을 저해하는 단백질과 묶여 있거나 일부로 있다가 활성화 신호가 오면 여러 가지 방법으로 풀려 나와 핵 속에 진입해 타깃 유전자를 연다. 또 다른 경우 Activator 자체가 인산화되어 활성화되는 등 여러 가지 방법으로 유전인자 발현을 조절하는 데 참여하고 있다. 이에 꼭 알아두어야 할 것은 유전자의 발현은 반드시 세포의 필요에 따라 발효되는 청신호 혹은 적신호에 의해 열리고 닫히게 된다는 점이다. 이런 이유로 Activator 하면 반대의 기능을 갖는 Repressor를 생각해야 하는데, 이 두 방법이 진핵세포의 유전인자 발현의 조절에 주 역할을 한다. 물론 Repressor의 역할은 유전인자를 발현하지 못하게 닫아 놓는 것이다. Repressor가 일하는 방법은 여러 가지인데, 앞에서 언급한 예에서처럼 Repressor가 세포질 속에 Activator를 붙들고 있는 경우가 있다. 이 경우는 필요에 따라 Repressor를 화학적으로 변형시켜 Activator를 해방시키고 핵 속에 들어가 유전자의 발현(DNA 전사)이 일어나게 한다. 그리고 Chromatin에 부착해 있는 Activator에 Repressor가 달라붙어 Activator를 가려 작용을 못하게 하기도 하고 핵 속에서 Repressor 자체가 Activator와 동일한 부착 장소, 즉 Enhancer를 놓고 경쟁해 우세한 놈이 유전자의 발현 여부를 결정하기도 한다. Repressor의 역할은 주로 Activator를 통해 그 영향력을 행사하는데 Activator가 하는 일이 더 정교하다. Activator라는 단백질은 두 부위로 되어 있는데, 한쪽은 DNA(Enhancer, Promoter)에 달라붙는 곳이고 다른 한쪽은 활성화, 즉 Activator

역할을 하는 부위이다. 그런데 전자는 어느 유전자를 활성화할 것이냐를 결정하는 특성을 갖고 있다. 여기에서 Activator는 그 역할을 단독으로 수행할 수도 있다. Activator 부위가 약하거나 활성화를 못하는 놈이 있어 추가적으로 Coactivator라는 단백질이 필요하기도 한데, 이 역시 Activator에 달라붙는 부위와 DNA 전사를 촉진하는 부위로 되어 있다. 전반적으로 Activator는 Promoter(앞에서 말한 Basal apparatus)에 RNA polymerase II와 General transcription factor들을 모으는 데 도움을 주는 역할을 한다. 이에 더해 Activator가 DNA 전사 Complex의 단백질 구조에 영향을 주어 DNA 전사를 활성화할 가능성도 있다. 그리고 Coactivator는 DNA 전사의 시작에 절대로 필요한 Chromatin의 구조 변경에 관여하는 효소로서의 기능도 있다. Chromatin의 구조 변경은 DNA 전사 Complex가 Promoter에 달라붙어 전사를 시작하는 데 절대적으로 필요한 요건이다. 전반적으로 Chromatin의 구조 변경을 Chromatin remodeling이라 하는데, 이는 Histone octamer에 Nucleosome의 형태로 고정되어 있는 DNA, 특히 Promoter 부위를 열어 DNA 전사에 필요한 전사 Complex가 들어와 전사가 가능하게 하는 것이다. 전사가 일어나도록 한다. 이에는 Histone octamer를 DNA 가닥을 따라 옮겨가도록 하든가, 아예 Histone octamer를 떨어져나가도록 하든가, Histone을 화학적으로 변경하든가, 다른 Histone 유사분자와 바꾸어 Histone-DNA 사이의 결합을 느슨하게 해 목적을 달성하는 경우가 있다. 이런 일들을 수행하는 효소 복합체를 Chromatin remodeling complex라 하는데, 이는 ATP를 분해할 때 얻어지는 에너지를 이용해 임무를 수행한다. 다양한 Complex가 있는데, 이는

ATP 분해 효소의 차이 때문이다. 그러나 이들은 특정 유전자의 Promoter에 달라 붙는 특성을 갖고 있지는 않다. 그리고 이들을 Promoter에 모집하는 일은 전사 Complex가 담당한다. Histone의 화학적 변경에는 Methylation, Acetylation, 인산화 등이 있는데, 앞에서 말한 히스톤의 꼬리를 이루는 아미노산 Lysine, Arginine, Serine에 붙는 것으로 어느 위치에 몇 개가 붙느냐에 따라 활성화 내지 유전자 발현 저지로 이어지는 것이다. DNA 역시 메틸화의 대상인데, 이는 DNA 선상의 C(Cytosine)가 있는 곳에선 어디에서나 일어날 가능성이 있다. 그러나 주로 CpG(Cytosine-phosphate-Guanosine)로 된 CpG island라는 곳의 C에 메틸기가 붙게 된다. CpG island는 주로 Promoter, Enhancer 같은 유전자의 발현을 조절하는 위치에 있고 이의 cytosine이 메틸화되어 있다. 그리고 Histone의 Methyl(-CH3)화와 달리 DNA의 메틸화는 유전자 발현을 저지하는 역할을 한다. 그리고 메틸화된 DNA는 세포 분열에서 다음의 새 세포에 전달되는 것뿐만 아니라 세대간에도 전달된다. 다시 말하면 한 유전자가 메틸화에 의해 닫히면 다음 세대까지 전달되어 그 유전자의 형질은 나타나지 않는다. 이런 현상을 유전자 날인(Genomic imprinting)이라 하는데 유전학에서 사용하는 말이다. 특히 여성은 두 개의 X 염색체가 있는데 하나는 모계에서, 다른 하나는 부계에서 물려받은 것이다. 이 중 한 유전자만 열리고 다른 유전자는 닫히게 되는데 주 원인이 Imprinting(Methylation) 때문이다. 이와 같이 한 세대에서 다음 세대로 표현되는 형질이 DNA의 염기 서열(유전정보)과 관계없이 유전되는 현상을 앞에서 말한 것처럼 Epigenetics라 한다. 다시 말하면 한 세포나 개체의 변화된 특성이 다음 세대로 전해지지만 유전자에는 변화가 없이 일어나는 유전을 Epigenetics라 한다. 그러나 최근에는 그 의미가 확장되어 DNA를 주 틀로 해 일어나는 생물학적 현상, 즉 유전자 전사, 보수, 복제 과정을 조절하는 데 영향을 주는 Chromatin에서의 모든 변화를 Epigenetics라 한다. 따라서 앞에서 이야기한 DNA의 modification과 Histone의 Modification에 관한 모든 연구가 Epigenetics이다. 이에 관여하고 있는 단백질, 효소, RNA는 수적으로도 수백 개에 달하며 이들이 많은 유전자의 발현(Transcription)을 조절하는 것으로 알려져 있다. 특히 여러 가지 기능과 형태학적 모양새를 갖는 세포로의 분화에 직접 영향을 주는 것으로 알려져 있다. 이처럼 Chromatin modification에 관여하는 요소들의 유전자 변화(예를 들면 돌연변이)는 세포의 분화 및 기능에 여러 가지 변화를 가져온다. 다음에 암에 관해 이야기할 때 Epigenetics와 암 발생에 관한 구체적인 사례를 들어 이야기하려 한다. 앞에서 말한 대로 유전인자의 발현에 직간접적으로 참여하는 요소는 대단히 복잡하다. 우선 유전인자가 DNA 선상에 어떻게 조직되어 있는지 간략하게 알아보자. 유전인자 전사를 시작하는 곳에 Promoter(RNA polymerase II 및 다른 전사인자들이 부착하는 곳)에 이어 유전인자(exon−intron−exon−intron−−−−−−−)가 있고 한 유전자의 끝을 알리는 Termination sequence가 있다. Enhancer는 척추동물에서 영향력을 행사하는 유전인자로부터 대략 20~50kb 떨어진 위쪽이나 아래쪽에 위치하고 있으나 때로는 Mega base pair 이상 떨어진 곳에 존재한다. 진핵세포에서는 유전인자에 여러 개의 Enhancer가 영향력을 행사하는 것이 일반적인 현상이다. 그러나 여러 개의 Enhancer는 각각 다른 종류의 전사인자(TF)

와 결합되고 이런 결합은 Enhancer마다의 독특한 염기 서열이 어떤 TF와 결합 가능한가를 결정하게 해준다. 그리고 각각의 TF는 세포 안팎의 정보를 감지함으로써 활성화 혹은 이용이 가능해지며 특정 Enhancer에 자리 잡음으로써 관여하는 유전자의 발현을 가능하게 한다. 즉 DNA의 염기 서열(Promoter, Enhancer 등)과 세포 안팎의 여건을 감지하는 유전자 전사인자(Transcription factors, 앞에서 Activator라 했음), Chromatin의 상태 등 복합 요소가 상호작용함으로써 유전인자의 발현 여부가 결정되는 것이다. 그리고 이를 제대로 파악하는 것은 학문적인 관점에서뿐 아니라 암, 유전병, 자가면역병 등을 포함한 여러 가지 질병 치료 및 치료제 개발에 대단히 중요하다. 그런 이유로 이에 대한 연구는 오랜 시간에 걸쳐 막대한 자본을 투입한 끝에 장족의 발전이 이루어졌다. 2001년에 완성된 인간 유전자(DNA) 전체 염기 서열 결정에서 인간 유전자의 DNA 선상에서의 배열 및 조직에 관한 정보가 알려졌고 최근에는 여러 가지 기능이 다른 분화된 세포를 통해 DNA로부터 전사되어 나온 총 mRNA(Transcriptome)를 분석함으로써 세포마다 독특한 유전인자들의 발현 양상을 밝히는 등 많은 연구가 이루어지고 있다. 특히 면역 기능 수행에 관련된 세포를 포함한 혈액세포는 비교적 재료가 얻기 쉬워 2012년까지 200개가 넘는 여러 종류의 면역세포에서 총 mRNA 분석이 완료 되었다. 이런 연구에서 얻어지는 정보는 기능이 각기 다른 세포들의 차이점이 무엇인지, 어디에 있는지 알아내는 데 대단히 중요하다. 그러나 탐구심이 끝없이 강한 생물학자들은 어떻게 해서 그런 결과에 도달했는지 또 다른 의구심을 갖고 지체 없이 새로운 연구에 매진한다. 앞에서 인간의 면역 기능에 관련된 세포의 종류는 200개를 넘는다고 암시했는데 우리 몸을 이루고 있는 수십조 개의 세포도 여러 개의 기관 · 조직으로 나누어져 각각의 특성을 갖고 다른 기능을 수행하고 있다. 우리가 잘 아는 바와 같이 이 모든 세포는 한 개의 세포, 즉 수정란에서 분열해 특수한 기능을 갖는 세포로 분화된 것이다. 따라서 수정란 같은 세포를 만능 간세포(줄기세포)라 한다. 각 조직과 기관을 이루는 독특한 기능을 갖는 세포들은 때때로 여러 가지 이유로 죽어나가고, 그러면 자기들의 독특한 간세포로부터 분열 특화되어 보충되어야 한다. 그런데 이 모든 것을 결정하고 시행하는 것은 Chromatin landscape에 의해 결정된다. 다시 말하면 예를 들어 우리 몸의 면역세포 중에 우리가 잘 아는 T, B 임파구를 포함한 모든 혈액세포들은 골수에 있는 조혈 간세포(Hematopoietic stem cell)에서부터 분열 특화되어 만들어진다. 그런데 여기서 결정적인 역할을 하는 것이 바로 Chromatin landscape, 즉 크로마틴 풍경이라는 것이다. 이 같은 은어적 표현은 분자생물학자들이 종종 사용하는데 너무도 재치 있고 적절한 표현이다. 풍경을 만드는 데 나무, 물, 바위, 빛이 어떻게 조화를 이루느냐에 따라 우리가 받는 느낌이 다른 것처럼 크로마틴 풍경도 DNA methylation이 된 곳이 Promoter, Enhancer 혹은 유전자의 다른 위치냐, Histone도 어느 위치의 아미노산에 몇 개의 Methylation, Ethylation, 인산화 혹은 다른 변화가 조화되느냐에 따라 달라진다. 간세포에 독특한 풍경이 있고 최종 분화되어 특수 기능을 갖는 세포에도 독특한 풍경이 있다. 또 간세포(줄기세포)에서 시작해 특수 세포로 분화되는 과정에서도 각 단계마다 크로마틴 풍경이 변화되고 결국 고정된다. 분자생물학자들은 이와 관련해 또 다른 은어적 표현을 사용한다. 크로마틴 풍경을 조성하는 데 참여하는 효소, 단백질이 하는 일을 수행하는 놈들을 작가(Writer)라 하고 크로마틴 풍경을 알아보는 단백질, 유전자 전사인자(Transcription Factor, TF) 등을 독자(Reader)라 하며 조성된 크로마틴 풍경을 지우는 데 참여하는 단백질, 효소 등을 지우개(Eraser)라 한다. 따라서 특정 독자(TF)는 유전자(DNA)의 독특한 염기 서열을 인식하기도 하지만 크로마틴 풍경을 알아본 후 수용할 만한 풍경이 조성되어야 그에 부착해 유전자를 발현하게 된다. 그리고 중요한 것은 세포가 어떤 상태에 있느냐, 즉 정상이냐, 암 같은 비정상이냐, 혹은 줄기세포에서 시작해 특화된 세포로 되어가는 과정이냐에 따라 독특한 크로마틴 풍경이 조성된다는 점이다. 따라서 이런 연구는 암을 포함한 여러 가지 질병의 치료제 및 치료법 개발에 대단히 중요하다. 크로마틴 풍경 요인 중 잘 연구된 DNA 메틸화의 경우를 보면 주로 CpG island의 C(Cytosine)에 메틸화되어 있으며, CpG Island는 Promoter, Enhancer에 들어 있다. 대체적으로 CpG island의 C가 주로 메틸화되어 있으면 그 유전자는 잠복 상태로서 발현되지 않고 있다는 징조이다. 이는 바로 TF를 포함한 RNA polymerase II가 그 유전자에 부착해 mRNA를 만들 수가 없다는 말이다. 암세포 유전체 전체를 보면 전반적으로 정상 세포에 비해 메틸화 수준이 낮은 상태이지만 Promoter는 오히려 메틸화 수준이 높은 것으로 나타났다. 이는 암세포에서 암 억제 유전자의 Promoter가 메틸화되어 있어 암 억제 유전자의 발현이 차단되어 있었기 때문이다. 그리고 만능 줄기세포로부터 개체 발생을 해나갈 때 각 단계의 조직으로 분화되는 과정에서 독특한 메틸화 상태를 갖게 된다고 한다. 이에 분자생물학자들은 각 단계에서 한 번 고정되면 다시 되돌려 극단적으로는 만능 줄기세포까지 만드는 것이 가능한지 연구하고 있다. 신문이나 TV에서 봤겠지만 피부에서 세포를 채취해 만능 간세포(줄기세포)로 변화시켜 이로부터 조직이나 기관, 심지어는 완성된 개체를 만들어보려는 시도가 진행되고 있는 것이다.

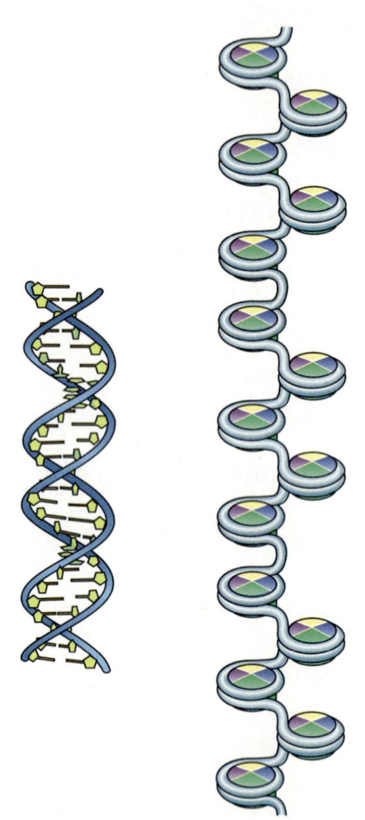

▲ 바른 편에 있는 나선형으로 된 긴 DNA(짧은 가닥만 보여줌) 실이 세포 안에서 Histone(2H2A, 2H2B, 2H3, 2H4가 모여 된, 즉 Histone 8개 분자가 모여 된 Histone Octamer)으로 된 실패에 감겨있는 것을 보여주는 모식도. 각각 실패를 Nucleosome이라 한다. 그리고 전체는 Chromatin이라 한다.

05
깁삿갓 DNA 이야기

Chapter 05

김삿갓 DNA 이야기

김삿갓은 삼천리 방방곡곡을 방랑하고 돌아다녔는데 인간의 유전체에는 30억 bp를 방랑하는 DNA 가닥이 있다(김삿갓 DNA). 김삿갓은 머무는 곳마다 시 한 수를 남기는데, 김삿갓 DNA는 머물다 가는 곳에 자기 고유의 몇 bp로 된 DNA 흔적을 남긴다. 그리고 이놈이 머무는 곳 즉 DNA(유전인자)에서 김삿갓이 남기는 시적 영향력 못지않은 유전적 파급력을 보인다. 옥수수의 알맹이가 모자이크 색깔을 보이는 것, 또는 체세포 간에 유전자 발현의 차이점을 보이는 것은 바로 이 DNA 때문일 수도 있다. 이제부터 이 DNA에 관해 이야기하려 한다. 인간의 유전체에는 DNA에 끼어들어 살고 있는 여러 종류의 길고 짧은 DNA 가닥들이 자리 잡고 있다. 대표적으로 DNA 가닥의 길이가 긴 놈들은 바이러스에서 유래한 놈들이다. 바이러스는 일반적으로 세포 속에 들어가 세포 안에서 이용할 수 있는 단백질 핵산의 생산 원료 물질과 세포 속에서 일어나는 생화학 반응에 사용하는 효소 및 기능성 구조물 같은 것들을 동원해 많은 수로 증식한다. 그 후 세포를 깨고 밖으로 나와 다른 세포에 침입해 증식을 되풀이 한다. 그러한 주기를 계속 이어나가는 것이 바이러스의 생존 방식이다. 그런데 RNA를 유전체로 갖고 있는 RNA 바이러스들과 일부 DNA 바이러스들은 주변 여건, 즉 숙주세포가 처해 있는 영양 상태 혹은 환경 등을 감지함으로써 삶의 방식을 바꾸는 경우가 있다. 주로 RNA 바이러스들이 이런 삶의 방식에 잘 적응되어 있다. 이들은 숙주세포 유전체의 한 부위에 끼어들어 숙주의 유전체에 완전히 통합(Integrate)되어 숙주세포가 증식할 때 함께 증식하고 때로는 주변 여건 변화에 따라 숙주세포 유전체로부터 분리 · 독립되어 나와 대량 증식한 다음에 그 세포를 파괴하고 밖으로 나와 다음 세포에 감염할 기회를 찾는다. 여기에서는 주로 RNA 바이러스에 관해 이야기하려 한다. RNA 바이러스는 앞에서 말한 대로 두 가지 생활 방식을 갖고 있다. RNA 바이러스가 숙주세포의 유전체에 통합해 살아가는 방식을 보면 아주 이상적이다. 숙주세포를 죽이지도 않을 뿐 아니라 크게 부담을 주지 않고 공생한다. 바이러스 외에 많은 미생물들이 인간에 의지해 살아가고 있는데, 이들을 통틀어 공생 미생물체(Commensal microbiome)라 일컫는다. 이들은 대단히 지혜롭고 행복한 놈들이다. 왜냐하면 바이러스의 경우 일단 숙주의 유전체에 통합되면 다른 걱정을 할 필요가 없다. 마치 박테리아가 인간의 장에 자리 잡으면 먹을 것을 염려할 필요가 없는 것처럼 말이다. 바이러스 역시 숙주 세포가 두 개로 분열하면 함께 늘어나고 숙주세포가 죽을 때까지 공생하는 것이다. 우리가 잘 아는 바와 같이 인간의 장 속에는 여러 가지 유익한 공생 미생물들이 살고 있다. 이들은 장 속에서 자기들이 필요한 영양분과 생활 공간을 제공받을 뿐 아니라 우리가 소화할 수 없는 음식물을 소화시켜 우리 몸에 필요한 영양소를 공급해주기도 하고 우리의 면역력을 강화시켜주기도 할 정도로 우리에게 필요한 식객이며 친구이다. 우리가 잘 아는 유산균이 이들 중 하나일 것이다. 그런데 이들은 우리 몸속에 있기는 하지만 우리 몸의 세포 속에 들어가 살고 있지는 않다. 그러나 세포 속의 유전체에 통합되어 있는 RNA 바이러스들은 우리 몸의 세포 속 깊숙이 들어가 있는 공생 미생물체로 볼 수 있는데, 이들은 때로는 우리에게 암을 유발하는 등 좋지 못한 결과를 가져오기도 한다. 다른 한편으론 무익한 식객 노릇만 하는 놈들이 아니라는 사실이 계속 밝혀지고 있다. 후에 좀 더 자세하게 말하겠지만 이들이 우리 유전자의 재조합에 중요한 역할을 할 뿐 아니라 외부에서 폐렴구균 같은 박테리아가 침범해올 때 우리 몸이 면역 반응을 일으켜 항체를 형성하는 과정에서 우리의 유전체에 통합된 RNA 바이러스 혹은 RNA 바이러스가 우리 유전체에 남긴 족적이 중대한 역할을 한다는 사실이 최근에 밝혀졌다. 이와 관련해 요즘 분자생물학자들은 새로운 용어를 만들어냈는데 Virome(바이러스체)과 Virotype(바이러스형)이다. 앞에서도 말한 것처럼 잘 알려진 Genome(유전체)과 Genotype(유전자형)이란 용어와 같은 맥락에서 생각해보면 그 의미가 명확해진다. 한 개체가 갖고 있는 모든 유전자의 집합을 통틀어 유전체라 하고 그 유전체가 가지고 있는 개개의 유전자를 유전자형이라 하는 것이다. 우리들 각자는 서로 다른 여러 가지 유형의 유전자형을 갖고 있는 유전자들이 모여 이루어진 유전체를 갖고 있는 것처럼 서로 다른 바이러스체, 즉 독특한 Virome을 갖고 있다. 다시 말하면 사람마다 다양한 Virotype의 통합으로 이루어진 Virome을 갖고 있는 것이다. 개체마다 Virotype의 차이로 인해 질병에 대처하는 능력에 차이가 나타나는 것이다. 따라서 향후 의학적인 목적으로 인간의 유전체를 분석할 때 Virotype을 결정하는 것이 중요할 것이다. 우리 몸을 이루고 있는 세포가 갖고 있는 유전체는 실제로 절반 이상이 바이러스 혹은 이들과 관련된 놈들이 차지하고 있다는 사실은 실로 놀랍다. 유전체는 그 근본 물질이 DNA이니까 우리 DNA의 절반 가량이 공생 미생물체의 것이란 말이다 극단적으로 보면 인간은 그의 삶이 공생 미생물체를 위한 것인지 의심이 들기도 한다. 여하튼 생명체는 원하든 원하지 않든 간에 공생 미생물체와 더불어 살고 있다. 인간의 장 속에 있는 공생 세균들도 수적으로 보면 우리 몸 전체의 세포 수보다 훨씬 더 많다. 실제로 대장이 소장보다 큰 이유가 공생 세균의 집을 마련하기 위한 것일 수도 있다. 그렇다면 결국 우리는 벌어 남 좋은 일만 하며 살아간다. 그렇다고 해서 우리 장에 살고 있는 미생물 혹은 세포 속의 성가신 친구들을 모조리 없애버리면 잘 살 수 있을까? 결코 그렇지 않다. 우리도 공멸할 것이다. 앞에서 우리가 갖고 있는 유전체의 거의 절반이 공생 미생물체라고 말했는데, 그렇다면 바이러스 외에 어떤 놈들이 우리와 공생하고 있는지 알아보자. 이들은 세포 속 유전체 내에서 떠돌아다니는 놈들인데 바로 김삿갓 DNA이다. 가장 원시적인 놈들로 유전체 구조가 바이러스와 매우 비슷하다. 그러나 이들은 바이러스와 달리 세포 밖으로 나올 방법을 갖고 있지 못해 바이러스보다도 약간 더 모자라는 놈들이다. 다시 말하면 이들은 숙주로부터 독립된 놈들이기보다는 숙주의 유전체의 일부로 있다가 유전체의 다른 곳으로 옮겨 다니는 특별한 유전자로 보아도 무방하다. 이들을 이제 김삿갓 DNA라는 이름 대신 학문적으로 Transposable element(s) 혹은 Transposon(s)이라 부르려 한다. 이들은 생물학적으론 김삿갓보다 대단한 놈들이다. 우리 유전체, 즉 DNA의 절반 이상이 RNA 바이러스(Retrovirus)와 이 떠돌아다니는 놈들 혹은 그들로부터 유래한 DNA로 되어 있는데 상당한 영향력을 갖고 있다. 그리고 이들에 대한 연구는 바이러스가 어떻게 숙주세포의 유전체에 끼어들어 통합되는지 이해하는 데 도움이 되기도 한다. 그리고 많은 놈들이 Transposon과 구조적으로 유사한 유전체 조직을 갖고 있어 바이러스의 전구체(선조)가 아닌가 하는 생각이 들게 한다. 처음으로 이런 떠돌아다니는 유전체가 존재한다는 사실을 알게 된 것은 1940년대 말 Barbara McClintock이라는 식물유전학자가 옥수수 알의 모자이크 색채 분포에 관한 유전학을 연구하면서였다. 그는 Controlling Element라 일컫는 유전적 요소가 옥수수 색깔의 모자이크 현상을 결정하는 요인이라고 주장했으며 이런 유전적 요인의 불안전한 성격을 알아냈고 실제로 떠돌아다니는 유전물질이 존재한다는 것을 제시했다. 이러한 주장은 당시 학자들의 생각과는 너무 달랐기 때문에 오랫동안 인정받지 못하다. 1970년대부터 많은 연구가 진행되었고, 그녀는 1983년에 비로소 노벨 생리학상을 수상하게 되었다. 옥수수(Maize)의 유전체는 85%가 Transposon으로 되어 있다. 이 세포 속 유전체 안을 맘대로 돌아다니며 유전체를 교란시키고 유전체의 돌연변이를 주동하기도 한다. 이들은 유전체 안에서 옮겨 다니는 능력은 있으나 바이러스나 Plasmid처럼 독자적인 Replicon이 결여되어 있기 때문에 세포 내에서 독자적으로 증식할 자격을 갖추고 있지는 못하다. 이들은 진핵성 세포와 박테리아에 모두 존재하는데 아주 재주꾼들이라 유전체인 염색체의 부분손실(Deletion), 전도(Inversion), 삽입(Insertion), 전위(Translocation) 등을 주도함으로써 세포 속에서 유전자의 재조합(Recombination)을 일으키는 주요한 요소로 작용한다. 이들 중에 간단한 놈들을 IS(Insertion sequence) 인자라 하는데 800~2,500bp 크기의 DNA로 이루어져 있다. 이들은 주로 다양한 미생물, Plasmid, bacteriophage의 유전체에 몇 개 내지 수백 개의 전사본이 들어 있다. 그리고 어떤 종류의 IS element들은 균류, 식물, 무척추동물, 척추동물 등 다양한 숙주에서 살고 있다. 이들은 IS에다 숫자를 더해 IS1, IS3, IS4 등으로 명명된다. 이들은 구조적으로 전위에 필요한 효소를 만드는 전위효소 유전자(Transposase gene)만을 갖고 있으며 이 유전자의 양쪽 끝에는 짧은(10~40bp) 전도된 반복(Inverted repeat) 서열이 있다. 숙주의 DNA에 끼어들어간 곳에는 또 반복된 2~13bp의 숙주 DNA 서열이 삽입된 IS의 양쪽 끝과 경계를 이루고 있다. 이는 IS 인자가 삽입할 때 삽입되는 곳에 2~13bp의 전사본이 더 만들어져 형성된 것이다. IS가 다른 곳으로 옮겨갔을 때에는 마치 흉터 같은 흔적을 남기는데, 유전체를 연구하는 사람들에게 좋은 단서가 되기도 한다. 김삿갓은 머물렀던 곳에 시 한 수를 남기고 떠나지만 IS는 여남은 bp로 된 짧은 DNA 조각을 남기는 것이다. IS는 숙주 DNA의 어느 곳에나 삽입이 가능하나 IS에 따라서는 선호하는 자리가 있다. 이를 Hot spot이라 하는데 이는 삽입을 주도하는 효소(Transposase)의 특성에 달려 있다. 삽입 가능 빈도는 IS에 따라 다른데, 한 세포 분열 주기에 대략 1,000분의 1 내지 1만 분의 1 정도로 전위해 끼어들어오는 반면 떨어져나갈 확률은 100만 분의 1 이하로 아주 드물다. 그리고 하나의 정한 타깃에 삽입될 확률은 공교롭게도 돌연변이의 확률과 비슷해 매 세대(세포분열)마다 10만 분의 1 내지 100만 분의 1이다. 이들보다 바이러스에 좀 더 유사한 놈들이 있는데, 이들을 통틀어 Transposable element 혹은 Transposon이라 하며 줄여서 Tn이라 표기한다. 이들도 Tn10, Tn7 등으로 IS처럼 명명된다. Tn은 자기들의 전위에 관련된 전위효소(Transposase) 유전자에 추가해 Kanamycine, Tetracycline 같은 항생제 내성 유전자나 다른 유전자를 중간 부위에 갖고 있는 경우가 많다. 그리고 이 중간 부위에 추가해 양쪽 끝에는 IS element를 달고 있는, 좀 더 복잡한 DNA 구조를 갖고 있는 놈들이 있다. 이 양쪽 끝에 달고 있는 IS element는 같을 수도 있고 서로 다를 수도 있다. 이는 DNA 서열이 같거나 다를 수 있다는 말이다. 그리고 같은 놈이라 해도 DNA 서열이 같은 방향(Direct repeat, ABC----ABC)인 경우와 서열이 전도된(Inverted repeat, ABC----CBA) 경우도 있다. 한 가지 더 알아두어야 할 것은 양쪽에 있는 IS element는 둘 다 기능이 온전한 놈일 수도 있고 하나만 온전한 기능을 가질 수도 있다. IS element는 자신은 물론 전체 Tn 구성체가 옮겨 다니는 것을 가능하게 하는 기능을 갖고 있다. 재미있는 것은 이런 Tn이 작은 원형 DNA의 일부인 경우이다. 이 경우는 Tn 양쪽의 IS가 원래의 Tn 가운데 DNA의 측면을 둘러싸고 있다고도 볼 수 있고 다른 Plasmid 같은 숙주 편의 DNA 양측 면을 둘러싸고 있다고도 볼 수 있다. IS가 원래의 DNA(Kanamycin resistant gene을 포함한)를 옮길 수도 있고 다른 쪽의 DNA를 옮겨놓을 수도 있다. 이런 기능으로 보아 IS가 옮겨 다닐 때 선호하는 동반자는 없는 것 같다. 좀 더 복잡한 Tn이나 Phage 혹은 Retrovirus 같은 놈들은 양끝의 DNA가 IS와는 구조적으로는 비슷하나 IS의 Transposase 유전자가 없고 다른 몸통 부위에 더 복잡한 기능의 유전자를 갖고 있다. 앞에서 말한 대로 이 놈들, 즉 IS, Tn, Retrovirus 등은 숙주세포의 DNA를 조용하게 놔두지 않고 온갖 변화를 일으키게 하는 아주 괴팍한 놈들이다. 이 중에 하나가 DNA의 재조합(Recombination)인데, 무슨 말이냐 하면 어머니로부터 물려받은 유전자가 ABCDEF(각 글자가 눈 색깔, 코 모양, 입 모양 등을 나타내는 유전자라 하면)이고 아버지로부터 물려받은 것들이 A′B′C′D′E′F′이라 하면 ABCDE′F′는 재조합된 DNA이다. 그런데 이런 재조합은 종종 DNA 서열이 같은 부분끼리 일어나므로 이를 상동 재조합(Homologous recombination)이라 한다. 예를 들어 특정 Tn이 유전자 D와 E 사이에 삽입되어 있고 또 D′와 E′ 사이에 있다면 앞에서 말한 재조합이 이루어질 수 있는 것이다. 이런 재조합은 실제 인간의 정자세포나 난자세포 형성 과정에서 종종 일어난다. 이는 다른 염색체 DNA 사이에 일어나지만 염색체의 DNA 가 길기 때문에 같은 염색체 DNA 사이에서도 일어날 수 있다. 즉 한 가닥의 DNA 가 떨어져나갈 수도 있고 염기 서열이 전도될 수도 있다. Tn은 바이러스보다 작고 더 모자라는 놈들이지만 세포 속에서는 바이러스들보다 훨씬 활발하게 온갖 재간을 부린다. 재미있는 것은 생명체가 살아가는 데 있어 세포 속의 DNA가 전혀 교란되지 않고 조용히 있는 것보다는 뒤집히고 잘려나가고 재조합되는 경우에 더 풍요로워진다는 사실이다. 마치 인간이 만고풍상을 거친 다음에 올바른 사람이 되는 것과 같은 이치인지도 모른다. 그리고 이런 이유 때문에 같은 부모의 자식들 간에도 차이가 생기는 것이다. Transposon이 어떻게 한 곳에서 떨어져 나와 다른 위치의 DNA(유전자)에 삽입되는가는 연구를 통해 잘 알려져 있으나 여기서 취급하기에는 너무 전문적이다. 단 놀라운 것은 비슷한 방법을 통해 Transposon이나 세균 바이러스(Bacteriophage), 고등생물 바이러스가 숙주 유전체에 삽입하고 떨어져 나온다는 것이다. Ttransposon이 너무 활발해 자주 옮겨 다니는 것은 숙주(E. coli를 포함한 모든 세포)에 큰 부담이 되기 때문에 옮겨 다니는 빈도를 조절할 필요가 있다. 문제는 옮겨가는 곳, 즉 DNA(유전인자)의 위치에 따라 그 유전자의 기능을 망가뜨릴 수도 있고 그 유전자를 필요 이상으로 활성화할 수 있다는 점이다. Tn10인 경우 옮겨 다니는 빈도를 하향 조절할 수 있는 방법은 잘 알려져 있다. 중심부에 tetracycline resistant 유전자가 있고 왼쪽에 IS10L이 있으며 오른쪽에는 IS10R이 있는 Tn이라면 왼쪽의 IS10L은 옮겨 다니는 기능을 잃은 것이고 오른쪽 IS10R만 옮겨 다닐 수 있는 능력을 갖고 있는 것이다. 그런데 이 Tn의 기능과 관련된 DNA의 구조를 보면 IS10R이 숙주 DNA와 연결되는 경계에서 왼쪽(Tn쪽)으로 30여 개 염기의 위치에 P out(Promoter out)이 존재하고 숙주 DNA와 Tn10의 경계선 근처에 P in(Promoter in)이 존재한다. 따라서 이 두 Promoter에서 만들어지는 RNA는 결과적으로 30여 개의 염기가 서로 겹친다. 앞에서 말한 대로 Promoter란 유전자(Gene, DNA)를 발현할 때 RNA polymerase가 promoter DNA 서열에 부착해 RNA(DNA transcript) 전사본을 만드는 시발점이 되는 DNA 부위이다. 즉 유전자 발현의 첫 단계인데, 한 유전자가 발현되느냐 닫혀 있느냐는 이 부위가 열려 있느냐 닫혀 있느냐에 따라 결정된다. 이제 본론으로 돌아가면 P in은 왼쪽 방향, 즉 Tn쪽으로 IS10 RNA 합성을 시작하는 Promoter이기 때문에 Tn이 위치를 옮겨가는 데 필수 효소인 Transposase 유전자를 발현하는 데 사용하는 Promoter인 것이다. 즉 Transposase 유전자가 전사되어 Transposase mRNA(Messenger RNA)를 만들면 이를 기본 틀로 해 세포 속의 단백질 합성 체계가 단백질, 즉 Transposase를 만든다. 다른 한편으로 P out은 그 DNA를 시점으로 숙주세포 DNA쪽, 즉 Tn으로부터 멀어져가는 방향으로 DNA를 전사해 RNA를 만들기 때문에 Transposase mRNA와 P out promoter에서 만든 RNA는 30여 개의 염기 서열이 중복되는 것이다. 그래서 중복된 DNA 부위로부터 만들어져 나온 RNA는 서로 Base pairing을 할 수 있는 온전한 짝이 될 수 있다. 그리고 P out으로부터 전사되어 만들어진 RNA는 69개의 염기(30개는 Tn이고 36개는 세포 DNA 전사본)로 된 작은 RNA이다. P in에서 만들어진 RNA(Transposase를 만드는 mRNA)보다 안정적이고 더욱이 P out은 P in보다 더 강한 Promoter이기 때문에 결과적으로 P out RNA는 P in RNA보다 양적으로 100배 이상 더 많이 세포 속에 존재한다. 따라서 P in으로부터 만들어진 RNA(Transposase mRNA)는 그의 5′ 위치에서 P out으로부터 만들어진 RNA가 Base pairing을 할 수 있고 Base pairing이 이루어지면 단백질 생합성을 시작하는 효소가 생합성을 시작할 수 없게 된다. 즉

Transposase의 생산을 방해함으로써 결국 Tn이 다른 위치로 Transposition하는 것을 막아 Tn이 너무 자주 옮겨 다니는 것을 조절하게 된다. Tn10이 옮겨가는 확률은 다른 Tn보다 낮은데 10억 분의 1이다. 여하튼 지금까지 말한 방법 외에 Tn 다른 방법을 동원해 숙주세포의 위험을 줄이기 위해 숙주세포와 협력함으로써 옮겨 다니는 빈도를 조절(자제)하고 있다. 이 시점에서 한 가지 더 짚고 넘어갈 것이 있다. P out promoter에서 만들어낸 조그마한 RNA(69개 염기로 된)가 P in promoter로부터 만들어진 Transposase mRNA에 부착해(30여 개의 두 Promoter 간에 겹치는 염기 서열이 있고 여기서 만들어진 RNA 간에 Base pairing이 이루어져 RNA 두 가닥이 붙게 됨) Base pairing을 형성한다. 그런데 더 자세히 들여다보면 P in과 P out에서 시작해 만들어지는 두 개의 서로 다른 RNA가 있다. P in RNA는 왼쪽 방향으로 DNA를 전사해나가고 P out RNA는 오른쪽 방향, 즉 P in RNA가 자라는 방향과 반대로 RNA가 자란다. 그래서 실은 이 두 RNA는 서로 반대편 DNA 가닥을 전사해나가는 것이다. 왜냐 하면 앞에서 말한 대로 DNA 합성이나 RNA 합성은 예외 없이 5′쪽에서 3′쪽(3′쪽 염기에만 다른 염기가 붙어 가닥이 자란다)으로 길이가 늘어나기 때문이다. 앞에서도 말한 바와 같이 DNA polymerase나 RNA polymerase는 항상 3′ OH에 염기를 붙여나가는 방법으로 DNA, RNA 가닥이 길어지는 것이다. 그래 서 P in RNA와 P out RNA의 30여 개의 중복된 DNA 부위에서 전사되어 만들어진 RNA 부위는 완전한 base pairing의 파트너가 된다[이런 DNA 혹은 RNA 가닥을 상보성 가닥(Complementary strand)이라 한다]. 앞에서 말한 대로 이 경우는 Tn10의 위치 이전을 조절하는 인자로 작용하지만, 이와 비슷한 기능성 RNA가 무핵성 및 식물을 포함한 진핵성 세포에 여러 개 존재한다. 이들을 통틀어 ncRNA(Noncoding RNA)라 하는데, 다양한 방법으로 유전자 발현을 조절하는 기능을 갖고 있다. 한때 RNA는 유전자 발현에 있어 중간체(mRNA)로서의 역할을 할 뿐 그 이상의 역할은 없는 것으로 인식되어 왔으나 1980년대 초에 식물의 유전인자 발현에 있어 외부에서 유입된 동일한 유전자가 유전자 발현에 간섭한다는 사실이 밝혀졌다. 하지만 자세한 작용 기작이 알려지지 않다가 1980년대 말부터 1990년대 말 사이에 Andrew Fire와 Craig Mello의 연구팀이 조그만 벌레에서 RNA가 유전자 발현에 적극적으로 간섭한다는 것을 알아낸 후 2006년 노벨 생리학상을 수상함으로써 이 분야의 연구가 활성화되었다. RNA에 의한 유전자 발현의 조절을 RNA 간섭(RNA interference, RNAi)이라 하는데, 이런 현상이 바이러스, 박테리아, 곤충, 식물 등 다양한 생물의 유전자 발현을 조절하는 중요한 요인임이 확인된 것이다. 인간의 세포에도 알려진 것만 수백 개이지만 인간 유전체의 탐색은 1,000여 개가 넘을 것으로 예상하고 있다. 바이러스, 박테리아에도 수십 내지 수백 개의 이러한 RNA가 있으며 50~200개의 염기로 되어 있다. 이들을 sRNA(Small RNA) 혹은 siRNA, microRNA(miRNA)라 하는데, 전반적으로 이들을 모두 일컬어 ncRNA라 하며 최근에는 siRNA, miRNA 구별 없이 miRNA로 부른다. 이들 역시 앞에서 말한 P out RNA처럼 타깃 RNA(P in RNA--- transposase mRNA)와 Base pairing을 할 수 있는 상보성 부위를 갖고 있다. 실제로 P out RNA는 miRNA의 하나이다. 이들 miRNA는 세포 속에서 때로는 유전자 발현을 상향 조절하는데, miRNA가 없으면 그가 타깃으로 하는 유전자로부터 단백질이 만들어지지 않는 경우도 있다. 그러나 대다수의 경우 이런 miRNA는 유전자 발현을 저지하든지 하향 조절함으로써 여러 가지 생물학적 기능을 조절하는 아주 중요한 역할을 한다. 이들이 활성화되는 데는 세포 속의 특별한 단백질들과 RNA 분해 효소가 협동으로 일을 하게 되는데, 이와 관련된 단백질의 구조 및 기능 관련 구조 변화의 연구를 통해 이들이 작용하는 기작이 잘 알려져 있다. 우선 miRNA 서열을 갖는 DNA로부터 기다란 miRNA 전구체가 전사되어 만들어지고 핵 속에 있는 Drosha라는 RNA 분해 효소와 다른 단백질이 협력해 필요 없는 가닥을 잘라낸다. 그 다음에 70~80bp로 된 Hairpin 구조의 RNA로 만든 후 Expotin-5라는 특별한 단백질 운반체의 도움을 받아 핵 속에서 세포질 속으로 이동된다. 그리고 세포질 속에 있는 또 다른 RNA 분해 효소인 Dicer가 더 간결한 19~25bp의 두 가닥으로 된 RNA로 만든 후에 Dicer와 다른 단백질이 협동해 RISC(RNA induced silencing complex)라는 단백질 복합체에 실리게 한다. 이 복합체엔 Argonaute 2(Ago2)라는 단백질이 있는데, 이 놈이 ATP 에너지를 사용해 두 가닥으로 된 miRNA를 풀어 타깃 mRNA와 상보성 가닥(guide)만 남기고 다른 가닥(Passenger strand)은 내보낸다. 이렇게 되면 RISC가 완전히 활성화되어 Guide RNA에 유도되어 타깃 mRNA를 찾아가 mRNA의 상보성 부위와 결합해 두 가닥으로 되는데, 이때 Ago2에 의해 mRNA의 특별한 곳이 잘려짐으로써 단백질 합성이 저지되거나 혹은 잘려지지 않은 상태로 단백질 합성이 저지된다. 결과적으로 이런 방법으로 Transposon의 이동이 방해되는데, 식물에선 바이러스 방어에 비슷한 방법이 사용되고 있다. 또한 진핵성 세포 동물에서는 조직 분화 유도에 사용되는 등 다양한 생물학적 기능 조절에 관여하고 있다. 최근에 알려진 바에 의하면 상피세포의 재생, 암의 진전, 배란, 심장 기능 등 다양한 생리활동에 관여하고 있다. 또한 최근 연구에서는 miRNA가 같은 조직의 세포 간에 유전자 발현의 불균등한 차이점, 즉 하나의 세포에서 단백질이 많이 만들어지고 다른 곳에서 적게 만들어지는 변화의 폭을 조절하는 데 중요한 역할을 하는 것으로 밝혀졌다. 그리고 생명공학자들은 이를 활용해 암 및 감염성 질환의 치료제로 개발하고 있으며 분자유전학자들은 특수 유전자 기능을 무력화(Gene knockout)함으로써 유전자의 기능을 밝혀내는 데 이 원리를 응용하고 있다. 좀 복잡하기는 하지만 대장균이나 다른 미생물들이 sRNA를 이용해 바이러스(bacteriophage)나 plasmid의 침입을 어떻게 대처하는지 알아보려 한다. 이는 마치 동물이나 인간의 후천성 면역 반응처럼 한 번 경험한 병원체에 대해 추후에 또 다시 동일한 병원체가 침입했을 때 그 병원체를 기억해 강하고 신속하게 대처하는 것과 흡사하다. 세균들은 침입하는 DNA elements의 일부 DNA 서열을 유전체의 일부로 받아들이며 이렇게 만든 RNA가 miRNA와 비슷한 역할을 함으로써 침입하는 바이러스 등을 처치한다. 세균에 이런 방어 기구가 있음을 알아낸 것은 2007년 덴마크의 식품 원료 제조업자들이었다. 예전에 낙농업자들이 유제품, 즉 치즈나 요거트를 생산하는 데 사용하는 세균(Streptococcus thermophilus 등)에 바이러스가 감염되어 문제를 일으켜왔다. 그런데 이들 제조업자가 세균에 감염하는 바이러스에 생산용 박테리아를 노출시키면 마치 백신을 접종하는 것처럼 바이러스에 내성 있는 균주가 출현하는 것을 알아내 좋은 종균을 만드는 데 성공했다. 그리고 박테리아의 유전체(DNA)에 CRISPR(Clustered regularly interspaced short palindromic repeats)이라는 유전자 부위가 있어 이 독특한 유전자가 방어에 관련이 있음도 알아냈다. 이 유전자는 구조적으로 보면 반복되는 짤막한 DNA 사이에 독특한 DNA 가닥이 삽입되어 있고 Cas(카스)라는 단백질을 만드는 유전자로 되어 있다. 이에 짤막한 DNA는 회문(Palindrome)형 DNA 염기 서열을 갖는 경우가 많다. 즉 몇 개의 DNA 조각들 사이사이에 바이러스 유래의 독특한 DNA 조각으로 채워진 구조를 말한다. Palindrome은 DNA 염기 서열에 자주 나타나는 구조로, 두 가닥의 DNA 염기 서열을 앞으로 읽으나 뒤로 읽으나 동일한 서열임을 말하는 것이다. 예를 들어 5GAATTC3 3CTTAAG5 이런 서열을 말하는데, 이런 서열이 긴 것도 있을 수 있으며 다양하다. 앞의 CRISPR처럼 여러 개의 Palindrome 사이사이에 Palindrome과 관계없는 독특한 염기 서열을 갖는 DNA가 끼워져 있을 수 있다. 그런데 재미있는 것은 사이사이에 끼워져 있는 DNA 조각이, 방어하려는 바이러스나 Plasmid의 DNA에서 유래했다는 점이다. CRISPR(외우기 쉽게 '크리스프 알'이라 해도 무방함) 유전자에서 전사되어 나온 긴 RNA는 짤막한 여러 개의 RNA 조각으로 만들어지게 되어 CRISPR-derived RNA(crRNA)라는 RNA를 만들어내는데, 각 RNA에는 예전에 침범을 받았던 바이러스나 Plasmid에서 유래한 RNA 조각이 들어 있다. 그리고 이 crRNA(sRNA의 하나로 간주됨)는 각자 Cas(CRISPR associated) Proteins(여러 개)와 결합해 405k dalton이나 되는 거대한 RNA와 단백질 혼합체(Ribonucleoprotein)를 만들게 되는데, 이를 Cascade

(CRISPR-associated complex for antiviral defense)라 한다. 이는 대장균의 경우 11개의 Cas protein과 61개의 염기가 모여 있는 crRNA로 이루어진 Complex이다. 밝혀진 구조에 의하면 crRNA가 돌출되어 있어 바이러스의 Complementary DNA 부위를 인식해 부착(Base pairing에 의함)하기에 좋은 구조를 이루고 있으며 이를 crRNA guide sequence라 한다. 이렇게 해서 타깃 DNA(바이러스)에 부착하면 단백질 부위에 구조적 변화가 일어나 Cas3라는 Nuclease-helicase를 유인해 바이러스 DNA를 소화시켜 처치한다. 여기에서 중요한 점은 대장균이 한 번 경험한 바이러스의 DNA 일부를 CRISPR 유전자의 일부로 받아들여 추후에 동일한 바이러스가 침입하면 기억하고 처치한다는 것이다. 우리가 백신을 접종받을 때 우리 몸의 면역 체계가 백신 성분인 항원에 대한 항체를 만들 뿐 아니라 항체를 만드는 면역세포의 일부가 Memory cell(기억세포)로 오래 남아 있다가 그 독특한 항원을 기억해 추후에 똑같은 항원이 들어오게 되면 더 강하고 신속하게 면역 반응을 일으킨다. 이처럼 대장균도 DNA level에서 한 번 경험한 바이러스 DNA를 CRISPR 유전자의 일부로 남겨 기억(Memory)물질(DNA)로 사용함으로써 추후에 똑같은 바이러스의 침범 시에 방어 무기로 사용하는 것이다. 이는 참으로 신기롭고 지혜로운 방어 방법이다. 그런데 생물학자들은 이를 활용해 놀랄만한 일을 벌이고 있다. 즉 특정 유전인자를 잘라내어 제거(Knock-out)할 수도 있고 돌연변이를 일으킬 수도 있으며 원하는 대로 염기 서열로 바꿔놓을 수도 있어 향후 유전자공학에 크게 기여할 것으로 기대된다. 앞에서 말한 CRISPR-Cas protein system은 진핵성 세포 생물에서는 존재하지 않는다. 그래서 미생물에

존재하는 system을 도입하는데, 요즘 미생물(Streptococcus pyogenes)에 존재하는 System을 활용해 향후 생물공학에 대단한 공헌을 할 수 있는 가능성을 보여주고 있으며 이 기술을 중심으로 생물공학 기업들이 설립되는 등 이 분야의 연구가 활발하게 진행되고 있다. 머지않은 장래에 이 분야에서 노벨상 수상자가 나올 것 같다. 간략하게 말하면 이 기술은 세포 속에서 CRISPR-Cas protein(Cas9)과 이를 성숙된 기능성 분자를 만들어내는 데 필요한 것들이 발현될 수 있도록 강한 Promoter(CMV)에 연결해 세포 속에 도입하는 것인데, 특히 Spacer RNA가 타깃 DNA(유전자) 부위의 서열과 동일하게 디자인함으로써 특정 유전자 부위를 겨냥해 유전자를 변화시키는 것이다. 예를 들어 어느 특정 유전자를 Knock-out 할 수 있다는 것은 생물학적으로 굉장히 중요한 일이다. 과거에는 염기 서열을 보고 기능이 알려지지 않은 여러 개의 유전자를 확인했으나 이제는 DNA의 염기 서열을 결정하는 기술이 발달함으로써 이들의 기능을 알아내는 한 방법으로 활용이 가능하다. 전통적으로는 유전자에 돌연변이를 도입해 어떤 영향이 있는지 알아보았지만 이제는 유전자를 Knock-out함으로써 그 특정 유전자가 없어지면 생명 활동에 어떤 영향을 가져오는지 파악해 특정 유전자의 기능을 알아낼 수 있다. 이 기술을 간세포(Stem cell) 혹은 난세포 등에 적용하면 잘못된 유전자를 바로잡을 수 있는 등 무한한 가능성이 예측된다. 실제로 중국 학자들이 이 기술을 인간에 적용해 성공했다는 보도가 있었다. 또 다른 에피소드를 소개하려 한다. 앞에서 말한 내용과 관련이 있고 중요한 생물학적 현상이기도 하다. 일반적으로 특정 유전자가 발현되어 단백질을 만드는 데는 여러 단계에서 조절 기능이 작동하여 만들어지는 단백질의 양이 결정적인 역할을 한다. 이제부터 RNA가 유전자 발현, 즉 단백질 생합성을 조절하는 것에 관한 이야기를 해보자. 잘 아는 바와 같이 유전자 발현의 첫 단계는 유전자(DNA)를 RNA로 전사본을 만드는데, 그 유전자가 특정 단백질을 만드는 유전자이면 그 RNA를 mRNA라 한다(사용 가능한 mRNA는 몇 단계를 더 거쳐야 한다). 그런데 mRNA는 5′ 말단과 3′ 말단에 UTR(Untranslated region)이라는, 단백질 아미노산 서열을 결정하는 Coding sequence와 상관없는 RNA 가닥을 양쪽 끝에 달고 있다. 그런데 양쪽 끝이 어떻게 되어 있느냐에 따라 mRNA의 생존 기간, 즉 안정성 및 단백질로 번역되는(단백질 생합성) 효율이 크게 달라진다. 그런데 여기서 알아보려는 것은 5′ UTR에 있는 Riboswitch라는 짤막한 RNA 부위이다. 이곳에 조그만 신진대사 산물 같은 분자가 부착하면 RNA 구조가 변화해 RNA를 소화(잘라냄)하는 효소로 변해 mRNA를 파괴함으로써 단백질 생산을 못하게 한다. 5′ UTR 부위의 조그만 분자(Ligand)가 부착하는 곳(RNA sequence, RNA domain)을 Aptamer라 하고, 이를 포함한 구조(RNA alternative secondary structure) 변화에 가담하는 RNA 부위를 Ribozyme(catalytic RNA; RNA로 된 효소)이라 한다. 예를 들면 박테리아에서 Glucosamine-6-phosphate(GlcN6P)는 세포막(Cell wall)을 생산하는 원료로 사용되는 물질인데, Fructose-6-phosphate(인산화 과당)와 Glutamine(아미노산)으로부터 GlmS 유전자가 생산 하는 효소에 의해 만들어진다. 그런데 GlmS(이는 효소, 즉 단백질이다. 관례적으로 대문자로 시작하면 단백질이고 소문자로 시작하면 유전자를 표시한다)는 mRNA의 5′UTR에 Ribozyme(Riboswitch)을 갖고 있어 GlcN6P가 Aptamer에 부착하면 Ribozyme이 활성화되어 GlmS mRNA를 파괴해 GlcN6P를 생산하는 효소 생성을 억제함으로써 GlcN6P를 더 이상 생산하지 못하게 만든다. 이는 전형적인 Feedback inhibition의 예인데 필요 이상의 GlcN6P를 만들지 못하게 하는 생물학적 기작(Mechanism)인 것이다. 여기서 GlcN6P가 적당량 이상 만들어지면 그 생산에 핵심 역할을 하는 효소인 GlmS mRNA 5′ UTR의 Aptamer에 GlcN6P가 달라붙어 GlmS mRNA를 파괴함으로써 GlcN6P를 더 이상 생산하지 못하게 막는 방식으로 세포 내의 GlcN6P 양을 조절하는 것이다. 이러한 Riboswitch는 주로 박테리아 같은 비핵성 세포에서 작용하지만 진핵성 세포에도 존재한다. 여기서 생명공학을 공부하는 사람들이 주목할 것은 Ribozyme 자체도 중요하지만 Aptamer는 제품 개발에 있어 대단히 중요한 아이디어로 떠오르고 있다는 점이다. 이는 Aptamer가 ligand(앞의 경우 GlcN6P) binding을 하는 것이 마치 항체가 항원(단백질, DNA, RNA, 작은 분자, 탄수화물 등)을 인식해 부착하는 것처럼 Aptamer도 그 염기 서열에 따라 항체와 비슷한 Affinity를 갖고 약간 과장한다면 세상 어느 것과도 부착할 수 있다는 의미다. 예를 들어 25개 염기로 된 Aptamer를 생각해보면 이 25개 염기의 순서를 마음대로 바꾸어 만들 수 있는 Aptamer의 수는 대략 10에 15승(100조개의 다른 Aptamer)이다. 이들 각각이 다른 분자와 달라붙을 수 있다면 항체보다 더 다양성이 크다. 이제 잠시 생각할 것은 현재 신약 개발에 있어 가장 활발한 분야가 항체를 활용하는 분야라는 점을 감안할 때 Aptamer가 항체를 대체할 수 있다면 그 영향력이 얼마나 클지는 예측하기 어려울 정도다. 제품 개발에 있어 특정 타

것에 적합한 Aptamer를 찾아 대량 생산할 수 있는 방법이 확립되어 있으며, 이는 항체와 달리 세포나 조직 속에 비교적 잘 침투할 수 있고 항체에 비해 생산가가 저렴하며 안정성도 높아 향후 생물공학 제품 개발에 유용하게 활용될 전망이다. 이제 Transposon 이야기로 돌아가 RNA 바이러스 중에는 Transposon과 비슷한 놈들이 있는데 이들을 Retrovirus라 한다. 반대로 Transposon 중에는 옮겨갈 때 RNA로 전사되어 나온 후에 Reverse transcriptase에 의해 DNA로 만들어진 다음에 유전체에 통합되는 것도 있는데 이를 Retrotransposon이라 한다. Retrovirus는 증식할 때 DNA를 거쳐야만 증식할 수 있는데, 그러기 위해서는 RNA 유전체를 Template로 해 DNA를 만든다. 1970년대 이전에는 유전체 정보의 발현이 DNA에서 RNA로, 그리고 RNA에서 단백질로만 진행된다고 믿었으나 Reverse transcriptase(RNA dependent DNA polymerase)의 발견으로 유전정보가 반대 방향으로 진행되기도 한다는 생각으로 발전되었다. 이렇게 RNA를 유전체로 갖고 있으며 DNA를 거쳐 증식하는 RNA 바이러스를 Retrovirus라 한다. Retrovirus는 두 개의 (+)Strand RNA를 바이러스 입자 안에 갖고 있으며 증식할 때 Reverse transcriptase가 이를 template로 해 이중나선 DNA를 만든다. 그리고 이 DNA는 Transposon이 숙주 DNA에 끼어들어 통합하는 방법과 비슷하게 Integrase라는 효소에 의해 숙주세포 DNA에 통합(Integrate)된다. 이 효소는 Transposon의 Transposase와 유사한 것으로 이렇게 숙주세포의 유전체 일부가 된 Retrovirus DNA는 완전히 숙주 유전체처럼 행동한다. 그러나 이를 Provirus라 해 숙주세포의 유전자와 구별한다. 그리고 때로는 숙주세포의

DNA가 바이러스 DNA와 재조합되는데, 이것이 다른 장소로 이전되면 DNA의 중복 부위가 생기고 어떤 경우에는 숙주세포의 성질을 바꾸어놓을 수도 있다. Provirus DNA는 숙주세포의 RNA 합성 체계에 의해 RNA로 전사되어 나온다. 이는 바이러스 단백질 생산에 mRNA로서도 사용되며 동일한 가닥이 바이러스 입자로 패키지 되어 새로운 바이러스를 만들어내므로 Provirus 상태로 되는 것은 바이러스 증식에 필수 조건이다. Retrovirus의 Genome 구성은 대체로 Transposon과 유사하나 더 복잡하다. Provirus에서 전사되어 나온 바이러스 RNA는 5′쪽에 U5라는 80~100개의 염기 조각이 있고 3′쪽에는 U3라는 170~1,260개의 염기 조각이 있다. 또한 양쪽 끝에는 R이라는 10~80개의 염기 조각으로 된 Direct repeat sequence가 있고 가운데 부분에는 Transposon과 달리 대개 Gag(Group specific antigen), Pol(Polymerase), Env(Envelope)라는 3개의 유전자를 갖고 있다. 그러나 실제로 이들 중간에 위치한 Coding sequence에서는 바이러스 생존에 필요한 여러 가지 다른 단백질을 만들어낸다. 그리고 숙주와 통합된 Provirus는 숙주세포 DNA와 연결되는 부분에 4~6개의 염기로 된 숙주세포 DNA sequence가 양쪽에 반복되어 있는데 이는 Transposon과 동일하다. 그러나 바이러스의 RNA와 달리 U3가 5′쪽에 더해졌고 U5가 3′ 끝에 더 만들어져 다음과 같은 구조를 이루고 있다.

host DNA–host DNA repeat–U3–R–U5—gag—pol—env—U3–R–U5– host DNA repeat–host DNA

여기에서 양쪽에 있는 U3-R-U5를 LTR(Long Terminal Repeat)이라 하고 길이는 250~1,400bp이다. 그리고 Transposable elements 중에 Retrovirus와 유사하게 그의 생활사에 Reverse transcription 과정을 거치는 놈들이 효모, 옥수수, 초파리, 쥐, 인간 등의 세포 안에 존재하는데 이들을 통틀어 Retroelement라 한다. 이 중에 LTR을 갖는 놈들을 Retrotransposon이라 하는데, 이들은 Reverse transcriptase와 숙주세포 DNA와 통합하는 데 필요한 Integrase(Transposase처럼 DNA를 자르고 붙일 수 있는 기능을 가짐)를 만드는 유전인자를 갖고 있어 Retrovirus로부터 유래했을 가능성이 많다고 한다. 이들 중에는 LTR을 갖고 있지 않은 놈들이 있는데, 이들을 LINE(Long-Interspersed Nuclear Element)라 한다. 이들은 자율적으로 Transposition할 수 있는 놈들과 다른 자율적인 Retroelement의 도움으로만 Transposition이 가능한 놈들로 분류되는데, 인간에게서 잘 알려진 L1(LINE-1 혹은 Long Interspersed Element-1)이라는 놈이 있다. 이보다 더 모자라는 놈들이 있는데 SINE(Short Interspersed Nuclear Element)라 하며 이들은 전적으로 Transposition하는 데 있어 LINE에 의존하는 놈들인 것으로 알려졌다. 인간의 세포에서 잘 알려진 Alu element들이 이에 속한다. 이는 대략 300bp로 되어 있으며 인간 유전체의 15% 분량에 해당하는 150만 전사본을 갖고 있다. 그리고 앞에서 말한 대로 인간 유전체의 절반 이상은 Retrovirus, Retroelemet, DNA transposon이 차지하고 있다. L1이 하는 일과 관련해 최근에 상당히 많은 연구가 이루어지고 있다. 한 연구에 의하면 L1이 두뇌의 발달과 관련이 있다는 것이다. 어린 시절에 스트레스나 역경 속에서 자란 애들의 L1 Retrotransposon

이 보통 이하로 메칠화(Methylation)되었다는 사실을 발견했는데(나중에 유전자 발현에 관해 이야기할 때 자세히 말하겠다), 이는 앞에서 말한 L1이 갖고 있는 두 개의 유전자가 비교적 활성화되었다는 것을 암시한다. 이들 유전자는 Reverse transcriptase와 Integrase(Transposase)인데, 숙주 DNA에 들어 있는 L1이 다른 곳으로 옮겨가는 데에는 이 둘만 있으면 된다는 것은 잘알려진 사실이다. 다시 말하면 스트레스와 역경 속에서 자란 애들의 뇌에서 L1의 활동이 활발하다는 것이다. 또한 심리학을 연구하는 사람들이 실험적으로 쥐에서 생후 첫 주 동안에 두뇌의 Hippocampus(직역하면 '해마'인데 처음 관찰한 해부학자들이 뇌에 해마 같은 구조가 보여이 같이 이름 붙였다고 한다. 이 부위가 뇌에서 경험 또는 배운 것을 기억한다)라는 부위에서 세포 분열이 활발하게 진행되고 새로 분열해 나온 세포가 신경세포로 분화하는 것을 관찰했다. 그리고 다른 한편에선 심리학자들이 쥐가 태어난 즉시 어미로부터 2주간 떼어놓아 자라게 하면 성장한 후에 불안해하고 정상 행동에 이상이 있음을 발견했다. 이에 분자생물학자들은 쥐를 두 그룹으로 나누어 한 그룹은 어미의 극진한 돌봄을 받게 하고 다른 그룹은 어미의 돌봄을 받지 못하게 한 후 뇌의 각 부분의 변화를 조사했다. 그 결과 어미의 돌봄을 받지 못한 그룹의 해마를 이루는 세포에 L1의 수가 현저하게 증가한 것을 관찰했다. 이런 차이점은 다른 조직이나 뇌의 다른 부위에선 나타나지 않았다. 그리고 다른 DNA element (SINE)들은 두 그룹에서 전혀 차이점을 보이지 않았다. 이런 차이점이 의미하는 것은 어미의 돌봄을 받지 못한 그룹의 해마 세포 속에서 L1 Retrotransposition (이동)이 활발하게 이루어졌다는 점인데, 이런 발견은 두뇌 발달의 기작(Mechanism)

을 알아내는 데 굉장히 큰 기여를 할 것으로 전망된다. L1이 숙주세포의 어느 유전자, 그리고 유전자의 어느 부분에 삽입되느냐에 따라 그 유전자의 발현에 큰 영향을 줄 수 있다는 것은 잘 알고 있는 사실이지만 L1이 뇌에서 성격의 발달과 관련이 있다는 것은 참으로 신선한 발견이다. 앞으로 이런 연구가 성격장애자의 치료에 기여할 것인지는 두고 볼 일이다.

▲ 이 그림은 검은색 옥수수 알이 군데군데 모재익으로 박혀 있는 사진이다. 이는 Transposable element가 색소를 나타내는 유전인자의 발현을 간섭하기 때문이다.

06
세포의 반란 - 암

Chapter 06

세포의 반란 – 암

우리 몸을 이루고 있는 60조개가 넘는 세포는 각 기관과 조직의 구성원으로 나누어져 있으며 각각은 모양도 다르고 기능도 다르다. 이들은 모두 한 개의 세포에서 시작해 계속 분열하고 특별한 단계에 따라 특별한 조직 혹은 기관으로 분화해 전체의 생명체를 유지하기 위해 각각 다른 임무를 수행하고 있다. 예를 들어 피부는 우리 몸을 감싸고 있어 우리 몸과 외부의 경계를 이루고 있고 혈액은 몸의 각 부분에 영양소와 산소를 공급하는 적혈구와 몸을 보호하는 면역 기능을 수행하는 백혈구 등으로 이루어졌다. 여기서 유난히 특이하게 분화한 적혈구는 핵을 갖고 있지 않으나 다른 세포들은 핵을 갖고 있기에 잠재능력으로 보면 모두세포 분열이 가능하다. 대부분의 특화된 조직의 세포들은 분열 증식의 능력을 상실하고 조직세포가 손상을 입었거나 죽어나갈 때만 조직마다 보유하고 있는 간세포(Stem cell)가 분열해 보수 혹은 보충을 하게 된다. 피부의 경우 표피에는 특별한 세포(Basal cell, 간세포)층이 있어 세포 분열을 함으로써 계속 떨어져나가는 표피를 보충한다. 혈액세포의 경우 골수(Bone marrow)에 혈액세포만 생산하는 특수한 간세포(Hematopoietic stem cell)가 있어 이 세포가 분열 · 분화해 적혈구, 백혈구, 혈소판 등을 만들어낸다. 그런데 일반적으로 간세포(줄기세포)들은 자신을 분열해 보충할 능력은 물론 일부는 분화해 특수한 조직으로서 임무를 수행한다. 성인이 되면 일반적으로 근육이나 신경세포는 거의 죽지 않는 반면 내장 벽을 이루는 세포나 백혈구는 불과 며칠 만에 죽어나가 계속적인 보충이 필요하다. 적혈구는 100일 이상 생존할 수 있으나 인간의 피부세포는 비교적 빨리 죽어나가는 세포군에 속한다. 이에 모든 세포는 전반적으로 세 가지 성질에서 벗어나면 안 된다. 첫째, 필요할 때에는 증식하지만 필요 이상 증식을 끝낼 수 있어야 한다. 둘째, 필요할 때에는 죽을 줄 알아야 한다. 셋째, 그 기능의 한정된 범위 밖으로 옮겨 다니는 성질이 있어서는 안 된다. 그런데 이들 속성의 변절은 모두 관련된 특정 유전자에 변화가 생겨 일어나는 것이며 암 세포에서 일어나는 속성의 변절이기도 하다. 가령 몸의 한 부위에서 특별히 간세포에 변화가 생겨 절제되지 못한 세포 증식이 일어나 세포가 쌓이면 이를 Tumor라 하고, 앞에서 말한 세 가지 성격에 모두 변절이 일어나면 이를 암 혹은 Malignant tumor라 한다. 그렇지 않고 세포가 자라다 그치거나 계속 천천히 증식할 때 이를 Benign(Growth) tumor라 한다. 그러나 계속 증식할 경우 암으로 진전될 가능성이 크다. 세포의 이런 변화는 여러 조직의 어느 곳에서나 일어날 가능성이 있다. 예를 들면 상피세포 조직(Epithelial tissue)에서 발생하면 이를 Carcinoma라 한다. 그리고 섬유아세포(Fibroblast)는 우리 몸에서 특별한 세포군인데, Connective tissue에서 유래한 세포로서 이런 세포가 암으로 변하면 Sarcoma라 한다. 그리고 적혈구가 과다하게 계속 만들어지면 이를 Endothelioma라 하고 림프구에서 일어나는 암은 Lymphoma라 한다. 우리가 잘 아는 백혈병(Leukemia)는 백혈구의 암이고 Hepatocellular carcinoma는 간의 Epithelial cell이 암세포로 된 경우이다. 또 눈의 Retina에서 암이 발생하면 Retinoblastoma라 한다. 많은 경우 조직이나 기관 이름 다음에 Carcinoma 혹은 암을 붙여 위암, 간암 등으로 말한다. 암에 대한 지금까지의 연구 결과에서 확실한 것은 암은 유전병이라는 것이다. 무슨 뜻인지 자세히 알아보면 암이라는 신체상의 병이 부모로부터 유전되어 자식에서 병이 생기는 경우도 있으나 정상 유전자의 돌연변이가 축적되어 일어나는 병이라는 뜻이다. 다시 말하면 앞에서 말한 대로 한 조직을 이루는 세포가 한정된 조직의 크기, 즉 한 개체를 이상적으로 유지하는 데 필요한 크기에 달하면 분열이 정지되어야 하는데 일부 조직을 이루는 세포, 특히 간세포가 세포 분열 조절 능력을 벗어나 계속 증식하고, 또 이 과정에서 돌연변이가 다른 정상 세포의 속성을 지배하는 유전자에 일어나 몇 개가 축적되면 전형적인 암이 되는 것이다. 예를 들어 한 조직의 세포가 계속 분열해 부풀어 올라 혹이 되면 조직 자체에도 부담이 되고 주위에 인접한 다른 조직이 있으면 그 조직에도 좋지 못한 부담이 된다. 그러나 세포가 계속 분열하려면 혈관이 새로 생겨 필요한 물질의 공급이 계속되어야 한다. 따라서 이런 경우는 암이라 할 수 없다. 그러나 더 진전되어 세포가 계속 분열하는 속성이 생기고 이에 더해 다른 신체 부위로 옮겨가는 속성이 더해지고 새로운 혈관을 만들 수 있는 속성까지 생기면 세포는 계속 분열할 것이며 결국 암으로 판정되는 것이다. 여기서 모든 속성을 결정하는 것은 역시 관련된 유전인자이며 암은 틀림없이 유전자의 변화가 축적되어 진행되는 유전병이다. 지금까지 알려진 사실은 암은 세포의 몇 가지 속성에 관련된 여러 유전인자에 돌연변이가 일어나 이들이 축적되어 일어난 병이란 사실이다. 따라서 암은 부모에게서 유전되어 직접 암이 되는 경우는 극히 드문 일이고 부모로부터 한 개 내지 몇 개의 암에 관련된 유전 인자의 돌연변이를 물려받는 일은 종종 있을 수 있다. 예로서 암에 관련된 여러 가지의 유전인자 중 하나 혹은 그 이상이 변절(돌연변이)된 것을 부모로부터 물려받으면 그 사람은 다른 정상 유전자들을 갖고 있는 사람에 비해 암이 더 쉽게 발생할 수 있기 때문이다. 이런 사람을 암 소질(Predisposed)을 갖고 있다고 말한다. 한 예를 들면 FAP(Familial Adenomatous Polyposis) 증후를 갖는 사람이 있는데 이는 부모로부터 유전된 징후로 APC(Adenomatous Polyposis Coli)라는 유전인자에 돌연변이가 생긴 것을 부모로부터 물려받은 것이다. 이런 사람은 40세 이전에 소화기 계통에 유두종(Polyp)이 발생하기 쉽고 이런 사람은 대부분 대장 혹은 직장암이 발생한다. 분자생물학에서 그런 것처럼 암을 연구하는 데 있어서 암을 유발하는 바이러스에 관한 연구는 암 유발의 과학적 과정을 밝혀내는 데 큰 역할을 했다. 대략 15~20%의 암이 바이러스에 의해 유발되는 것으로 알려져 있는데, 암을 유발하는 대표적인 인체 바이러스는 Epstein-Barr virus, Papillomavirus,

HTLV-1(Human T cell Leukemia Virus), Hepatitis B virus, Hepatitis C virus, Kaposi's Sarcoma associated Herpes Virus(KSHV) 등이 잘 알려져 있다. 실은 나중에 말할 Retrovirus와 동물 세포 및 모델을 이용한 연구에서 암에 관한 많은 것들이 밝혀졌다. 특히 바이러스에 의한 암 연구에 있어서는 생체 전체를 대상으로 한 것보다는 실험실에서 키우는 세포를 이용해 이루어졌다. 이처럼 배양한 세포를 이용한 연구는 실제 우리 몸에 존재하는 면역 반응이 결여된 상태라서 생체를 대상으로 한 연구와는 구별되지만 초기 암 발생의 기작(Mechanism)을 연구하는 데 많은 도움이 되었다. 특히 암의 발생을 단계적으로 연구하는 데는 배양한 세포를 많이 이용했는데, 생쥐의 배아에서 유래한 섬유아세포(Fibroblast) 배양을 이용해 바이러스에 의한 암 발생 과정이 연구되었다. 이런 세포는 여러 세대(Generation) 배양을 하면 자연적으로 암세포의 특징을 갖는 세포로 변하는데 이를 Transform된 세포라 한다. Transformation이 일어날 때 대부분의 세포는 죽어나가고 작은 부분이 남아 거의 영존하는 세포로 되는데, 이런 세포는 섬유아세포의 특성인 길쭉길쭉한 모양에서 둥그런 모양을 갖는 세포로 변하고 본래의 세포와 달리 세포 위에 세포가 쌓여 자란다. 이런 세포의 성격은 암세포의 속성이므로 이를 이용하면 암 발생 기작의 연구가 가능하다. 다른 한편으로 인간이나 원숭이에서 유래한 세포는 암을 유발하는(Oncogenic) RNA나 DNA virus 혹은 Chemical carcinogen으로 처리하기 전에는 Transformation이 쉽게 일어나지 않는다. 앞에서 말한 대로 Transformed cell은 대체적으로 영구히 자란다. 즉 신선한 배양액을 계속 갈아주면 계속 증식한다. 또한 세포 배양액에 혈청(Serum)

소요량도 Transform되지 않은 세포에 비해 적다. 이는 혈청 속에 있는 성장 호르몬(Growth factors)과 그에 대한 수용체(Receptor)를 자체 생산해 자신의 성장을 촉진할 수 있기 때문이다. 보통 세포는 꼭 필요한 영양소의 농도가 일정 이하로 내려가면 성장을 중지하고(G0 phase) 잠복기(Quiescent state)에 들어가지만 Transform된 세포는 고밀도로 자라 세포 위에 쌓이거나 밑으로 침범해 자라나 소위 말하는 세포 덩어리(Foci)를 형성한다. 이는 보통 세포의 속성인 Contact inhibition의 특성을 잃어 이웃 세포를 감지했을 때 성장을 멈추고 움직이는 것을 중지하지 않고 계속 분열하고 활동을 계속한다. 그래서 Transform된 세포는 부착해 자랄 표면이 필요하지 않은데, 이런 성격을 접착 표면 무의존(Anchorage independent)성이라 한다. 접착 표면 무의존성 세포는 반쯤 굳은(Semi solid) 배지에서 독립된 군체(Colony)를 형성하는데, 이는 세포가 분열할 때 겹으로 자라기 때문이다. 그래서 어떤 화학물질의 발암성 을 알아내는 실험을 할 때 실험 동물을 사용하는 대신 위에서 말한 세포배양 실험을 이용하기도 한다. Transform된 세포는 현미경으로 보면 보통 세포보다 둥글고 세포 표면에 돌기가 없어서 밝게 보인다. 이런 세포 특징의 변화를 지표로 해 바이러스가 세포를 Transform할 수 있는지를 실험하기도 한다. 놀라운 사실은 발암성 바이러스(Oncogenic retroviruses)에 의해 세포의 암 유전자가 도입되었거나 활성화된 유전자의 연구에서 Transform되는 과정이 처음 알려졌다는 것이다. 바이러스가 암을 유발하는 과정을 이해하기 위해선 우선 정상 세포의 증식 과정을 알아보아야 한다. 우리 몸의 세포들은 아주 정교한 기능이 있어 주위의 조직이나 몸에서 보내는 신호를 해석해 증식하라는 신호인지 증식을 정지하라는 신호인지를 분별 감지하는 능력이 있다. Signaling은 보통 특정 세포에 의해 분비되는 성장인자(Growth factor) 혹은 비단백질성 분자가 일으키는 것인데, 분비된 Growth factor는 순환기 계통을 통해 전달되든지 주위 세포에만 영향을 주기도 한다. Growth factor는 같은 조직의 세포에 존재하는 Receptor에 부착하든지 다른 조직 세포의 Receptor에 부착해 신호를 전달한다. 또 다른 방법은 한 세포의 Receptor에 다른 세포의 표면에 있는 ECM(Extra Cellular Matrix)이라는 복합 단백질이 부착해 신호가 전달되는 경우도 있다. 여기서 신호 전달을 받는 Receptor는 세포 표면에 있는 특수한 단백질로, 일반적으로 세포막을 가로질러 세포질 속에 연결된다. 이 세포 속 부위의 Receptor 분자를 세포질 영역(Cytoplasmic domain)이라 한다. 여하튼 Receptor에 Ligand(성장인자 혹은 작은 분자)가 부착하면 Receptor에 변화가 일어나는데, 많은 경우 세포 표면의 여러 Receptor가 모여 복합체를 형성함으로써 활성화가 이루어진다. 이런 변화가 Receptor의 세포질 영역에 전달됨으로써 활성화되는데, 많은 경우 Receptor의 세포질 영역이 단백질 인산화 효소(Protein kinase)로 활성화되어 단백질 분자 자체에 있는 아미노산(Tyrosine)을 인산화시킨다. 이렇게 되면 세포 속의 신호 전달 체계가 활성화되어 결국 핵 속의 특수 유전자에 전달됨으로써 특수 유전자의 발현 및 억제로 이어져 세포에 변화가 일어난다. 다시 말하면 Ligand의 성격에 따라 전달되는 신호는 여러 모양의 변화를 가져온다. 예를 들어 세포의 신진대사 활성화, 세포 모양의 변화, 세포의 표면 부착 성질 등의 변화로 이어지는 것이다. 이와 같은 세포의 신호 전달 체계는 정상 세포가 외부의 모든 사정을 감지하는 방편이며 또한 이러한 방식으로 전달받는 신호에 따라 세포의 특정 유전자의 발현을 유도하든지 저지함으로써 정상 세포의 모든 활동의 운영 및 세포 증식을 조장하든지 저지해 생체의 항상성(Homeostasis)을 유지하기 위한 세포가 사용하는 특수 기능 체계이다. 그런데 이런 신호 전달 체계에 이상이 생겨 세포가 계속 증식하면 암이 될 수 있는 것이다. 이제 세포가 어떻게 증식하는지 알아보자. 세포 속에서 일어나는 변화에 따라 몇 단계로 나누어지고 반드시 순서에 따라서만 증식이 일어난다. 물론 세포의 증식도 다른 모든 생리 현상과 마찬가지로 관련된 단백질의 기능에 의해 일어나는데, 이는 외부 혹은 세포 안에서 전달되는 신호를 종합해 단백질이 여러 가지 모양으로 활성화되어 일어나는 현상이다. 세포 증식 정지 또는 죽어나가는 것 모두가 신호에 따라 결정된다. 세포 분열은 엄격한 단계를 거쳐 일어나는 현상으로, 결코 한 단계가 제대로 끝나기 전에 다른 단계로 진행되는 법은 없다. 우선 분열이 제대로 진행되어 두 개의 세포가 탄생하면 다음 단계인 G1(Gap) phase로 진입하는데 이때 세포가 자라게 됨으로 이는 다음 단계로 진입할 준비 단계로서 동물 세포의 경우 대략 10시간 정도 걸린다. 이 단계에서 더 이상 분열을 하지 않고 멈추어 있는 신경세포, 근육세포 등이 있다. 이런 세포는 G0 phase라는 Quiescence 상태로 진입하는데 그 길이는 경우에 따라 다르다. 분열을 계속하는 세포는 다음 단계인 S phase로 진전하는데 이때 DNA synthesis가 일어나며 6~8시간이 걸린다. 이때 만들어진 DNA는 다음 단계인 G2 phase에서 2~6시간에 걸친 준비단계로 4쌍의 염색체가 분리되어 다음 신생세포에 두 쌍씩 들어갈 준비를 한다. 다음 단계는

M phase인데 가장 짧은 단계(1시간)이며 이때 두 개의 세포로 갈라진다. 이들 각 단계가 정확하게 특별한 단백질에 의해 조절된다는 사실이 40여 년 전에 밝혀졌다. 예로서 점균류(Slime mold) 세포가 초기 G2 phase에 있는 놈을 G2 말기 혹은 M phase의 세포와 융합(Fusion)시켰을 때 즉시 유사분열(Mitosis)에 진입하는 것을 관찰한 끝에 유사분열 조장인자(Mitosis promoting factor)가 작용한다는 사실을 발견했다. 이어 동물 세포 배양에서 S phase 조장인자(S phase promoting factor)가 존재함을 알아냈다. 그리고 개구리의 Mitosis promoting factor의 분리 및 효모 세포와 배양한 동물 세포를 이용한 연구를 통해서 효모에서부터 척추동물에 이르기까지 고도로 보존되어 모두에서 유사한 단백질로 된 세포 주기를 돌리는 데 사용하는 요소를 찾아내는 데 성공했다. 개구리 세포(Oocyte)로부터 분리한 Mitosis promoting factor의 생화학적 연구에서는 그것이 하나의 단백질 인산화 효소(Protein kinase)인 것이 판명되었고, 이 효소의 촉매 작용 부위(Catalytic subunit)가 아주 불안정하며 조절 기능을 갖고 있는 별개의 단백질이 달라붙을 때 활성화되는 것을 알게 되었다. 이 불안정한 단백질은 세포 주기에 따라 만들어졌다가 곧바로 없어지는 성격을 의미하는 Cyclin이라는 이름을 얻게 되었다. 앞에서 말한 Protein kinase는 Cyclin과 결합해야 활성화되므로 Cyclin-dependent kinase(Cdk)라는 이름이 붙게 되었다. 그 후에 여러 가지 연구를 통해 여러 종류의 다른 cyclin 혹은 Cdk가 존재하는 것을 알게 되었고 Cell cycle의 각 Phase가 이 둘의 다른 Combination에 의해 지배된다는 사실을 알게 되었다. 예를 들어 동물 세포에서 Cyclin E의 생산은 G1에서 S로 넘어가는

데 필수 요소이다. Cyclin E-Cdk complex는 G1 phase 말기에 축적되고 S1 phase로 진입하자마자 그 Complex는 세포에서 사라진다. 그러나 세포 주기를 조절하는 것은 Cyclin과 활성화된 Cyclin-Cdk의 주기적 변화가 전부는 아니다. 이는 단지 세포의 밖과 안에서 일어나는 상황을 종합해 그에 대한 적절한 반응을 통합적으로 나타내는 것으로, 실제 더 많은 분자가 복잡하게 상호작용해 일어나는 반응이다. 이런 복잡한 Regulatory signal이 필요한 것은 세포가 분열할 수 있게 제대로 자랐는지, 주변 환경이 적합한지, 다세포체에서 분열해야 할 필요가 있는지 등 부분적 또는 전반적 상황이 전달되어 포괄적 신호가 Cyclin-Cdk의 상태로 수렴되어 일어나는 것이며 이것이 마침내 세포 주기의 변화로 나타나게 되는 것이다. 그리고 분열이 시작된 세포에서 DNA에 손상은 없는지, DNA 복제는 제대로 되었는지, Chromosome은 모두 제대로 두 개의 세포에 나누어질 준비가 완료되어 있는지 등이 확인되어야 세포 분열 주기가 제대로 진행되는 것이다. 만일 한 단계라도 잘못되면 심각한 결과로 이어질 수 있으며, 이런 과정이 제대로 진행되지 못할 때 암으로 진전될 수 있는 것이다. 다시 말하면 정상 세포가 암세포로 전환되는 것은 세포의 성장과 분열을 조절하는 데 결정적인 역할을 하는 단백질들의 생성의 양적 변화 또는 기능의 변화를 초래하는 유전인자의 변화, 즉 돌연변이가 축적되어 일어나는 생명 현상이다. 그런데 초기의 바이러스 연구에서 이런 정보가 얻어졌고 최근 들어 바이러스와 숙주세포의 관계를 연구하는 과정에서 암 연구의 기초가 확립됐다. 앞에서 말한 대로 단백질 인산화 효소(Protein kinase)인 Cdk가 세포 주기를 조절하는 데 중요한 역할을 하는데,

Cyclin이 Cdk의 활성화에 필수 요건인 것은 잘 알려져 있다. 그런데 HTLV 1처럼 암을 유발하는 바이러스는 Tax라는 유전자 전사인자를 생산해 G1 phase에서 작용하는 Cyclin D2의 유전자 Promoter의 기능을 촉진해 Cyclin D2의 생산을 상향 조절함으로써 세포 주기를 G1에서 S phase로 넘어가도록 한다. KSHV 같은 바이러스는 자기 고유의 Cyclin(vCyclin)을 만들어냄으로써 Cdk6와 세포 분열 주기 G1에서 S phase로 진전시킨다. 그런데 vCyclin/Cdk6 복합체는 여러 가지 세포 내에 존재하는 Cdk inhibitor에 내성이 있으며 p53가 결여된 Transgenic mice에서 Lymphoma를 일으킨다. lymphoma는 크게 두 종류로 나누어지는데(Non- Hodgkin's lymphoma, Hodgkin's disease) 백혈구가 절제 없이 증식하는 암이다. 여기에서 vCyclin처럼 암을 유발하는 유전자를 암 유전자(Oncogene)라 하고 p53처럼 암 발생을 저지하는 유전자를 암 저지 유전자(Tumor suppressor gene)라 한다. 앞에서 말한 대로 인간의 암 발생의 약 5분의 1은 바이러스 감염과 직간접적으로 관련된 것으로 알려져 있는데, 이들 바이러스가 암을 유발할 수 있다는 사실은 이미 오래 전에 동물을 대상으로 한 연구에서 밝혀졌다. 1908년 Vilhelm Ellerman과 Olaf Bang이 닭의 암세포에서 축출한 여과성 물질을 닭에 접종하자 Erythroleukemia가 됨을 관찰했고, 이어 1911년 Peyton Rous는 자연 발생한 Sarcoma로부터 축출한 물질이 닭에서 Solid tumor를 유도하는 것을 최초로 발견해 바이러스가 암을 유발할 수 있다는 결정적 증거를 제시했다. 이것이 RSV(Rous Sarcoma Virus, RNA virus), 즉 Avian sarcoma virus이다. 초기에는 예외적인 것으로 인식되었으나 나중에는 쥐에서도 바이러스에 의해 암이 발생되는 것으로 알려지게 되었다. 이처럼 처음 발견된 발암 바이러스는 모두 Retrovirus에 속했다. 바이러스가 암을 유발하는 데는 세 가지 다른 양상을 보이는데, 이는 감염 후 암 발생까지의 시기에 따른 분류이다. 첫째, 감염 후 며칠 내로 100% 암을 유발하는 바이러스를 Transducing oncogenic retrovirus라 한다. 둘째, 감염되어도 100% 암이 되는 게 아니고 감염 후 몇 달 혹은 빨라야 몇 주 후에 나 암이 발생하는 종류의 바이러스를 Nontransducing oncogenic virus라 한다. 셋째, Long-latency virus로 분류되는 것이 있는데 이는 아주 드물게, 그리고 몇 달, 몇 년 후에나 암이 발생한다. 이들 각각은 바이러스가 암을 유발하는 기작이 다른데, 감염하는 바이러스가 Transducing retrovirus인 경우는 바이러스 자체는 원래 암 유전자(Oncogene)를 갖고 있지 않지만 숙주세포에 존재하는 숙주의 유전자가 바이러스 감염 후 증식 과정에서 숙주의 암 유전자가 바이러스 유전자에 삽입되어 바이러스 유전자의 일부로 남아있게 된다. 그런데 이 바이러스가 다음 세포에 감염할 때 암 유전자가 숙주세포의 조절 기능에서 벗어나 바이러스 유전자의 영향 하에서 계속 발현함으로써 암을 유발하게 되는 것이다. 다시 말하면 바이러스가 세포에 감염할 때 암 유전자를 달고 들어가는 것이다. 바이러스에 도입된 숙주의 유전자를 v-oncogene이라 하고 원래 숙주세포의 유전자 를 c-oncogene 혹은 Proto-oncogene이라 한다. 반면에 Nontransducing retrovirus인 경우는 Proto-oncogene이 부적절하게 바이러스 유전자의 promoter 영향 하에 활성화되어 숙주세포의 암 유전자로부터 발암물질이 계속 생산된다. 이는 숙주세포의 Proto-oncogene의 근처에 바이러스가 Provirus로 끼워 들어가 원래의 유전자 발현 조절 기능에서 이탈되어 바이러스의 유전자 발현 기능(예: 바이러스 Promoter)의 영향 하에 있게 되어 그렇게 된 것이다. Long- latency virus는 직접 암 유발 유전자를 활성화 하지 않고 간접적으로 세포의 분열 혹은 죽음(Apoptosis)을 조절하는 단백질을 생산해 이를 통해 암을 유발한다. 그래서 암을 유발하는 유전인자를 크게 두 부류로 나누기도 한다. 하나는 직접 세포의 분열 증식에 관련된 유전인자이고, 다른 하나는 암 유발을 억제하는 데 관련된 유전인자이다. 물론 이들은 세포의 정상 기능을 수행하는 데 관련된 유전인자이다. 그러나 이들 정상 유전인자가 암 세포에서 여러 가지 모양으로 비정상적인 발현을 하게 됨으로 암을 유발하는 것이다. 암을 유발하는 DNA virus에 관해서는 초기에는 주로 Human adenovirus와 SV40의 연구에 의해 이루어졌다. Adenovirus는 처음에 인간의 혹(Adenoid)에서 발견되었는데 주로 호흡기 계통과 눈에 감염하는 바이러스이고, SV40는 1950년대에 원숭이 세포를 이용해 Polio vaccine을 개발하던 중에 발견된 바이러스인데 암 연구에 많이 활용되어왔다. 이들은 자연적 숙주에선 암을 유발하지 않으나 설치류에서 암을 유발하고 배양한 포유동물 세포에서 Transformation을 일으킨다. 또한 이들은 Retrovirus와 달리 바이러스 고유의 발암 유전자가 세포의 정상 성장 과정을 변화시켜 그들의 증식에 중요한 영향을 주는 것으로 알려졌다. 그리고 중요한 발견은 이들 바이러스가 생산하는 단백질이 숙주세포의 Proto-oncogene의 활성화를 일으킴으로 발암 혹은 Transformation을 일으키며 Retrovirus나 DNA virus도 동일한 기작으로 암을 일으킨다는 것이었다. 1964년에는 M. Epstein

과 Y. Barr가 B-cell Lymphoma 세포주에서 처음으로 Epstein-Barr virus를 발견했다. 이는 이중나선의 172kb DNA를 갖고 있는 대형 바이러스로 입을 통해 감염되는데, 대개는 어릴 때나 학생 시절에 감염되어 대부분은 별 증상 없이 낫게 되지만 30~50%는 Infectious Mononucleosis(IM)라는 감기와 같은 증상을 일으킨다. 이는 herpes virus과에 속하는데 위암(Gastric carcinoma), 호흡기 계통 암(Nasopharyngeal carcinoma) 혹은 면역 세포암(Burkitt's lymphoma, T-cell lymphoma) 등을 일으킨다. 그리고 이 바이러스는 B cell에 잠복형 감염(Latent infection)으로 남아 있을 수 있고 B cell과 상피세포에 용해성 감염(Lytic infection)을 일으킬 수 있다. 잠복형 감염의 경우 바이러스 DNA는 Episome 상태로 존재하며 몇 개의 바이러스 단백질만이 만들어지며 암을 유발하는 감염 상태이기도 하다. Herpes virus 과에 속하는 다른 암 유발 바이러스는 1994년에 발견된 Human herpes virus 8인데 AIDS 환자에게서 잘 발생하는 Kaposi's sarcoma와 관련이 있는 것을 알게 되었다. 이는 약 160kb의 이중나선 DNA 유전체를 갖고 있는 바이러스로 잠복형 및 용해성 감염을 한다. 잠복형으로 있을 동안 바이러스 DNA는 EBV처럼 핵 속에 닫힌 둥근 DNA Episome 상태로 있으며 몇 개의 바이러스 단백질만 만들어서 Episome 상태를 유지한다. 용해성 감염 상태에선 바이러스 DNA가 선형으로 되어 증식하고 감염된 세포를 죽인 다음 새 바이러스가 방출된다. 이 바이러스의 감염 경로는 잘 알려지지 않았으나 아프리카인이 많이 감염되고 HIV와 동시 감염되면 Kaposi's sarcoma 증상으로 이어진다. 그리고 Hepatitis C virus는 사람에만 감염하는 (+)Strand RNA virus로 60~70%

가 Persistent infection되는데 9.6kb의 외가닥으로 된 (+)Strand RNA를 유전체로 갖고 있다. 이로부터 11개의 단백질이 만들어진다. 감염 환자에 심한 간염과 간경화 등을 일으키며 미국에서는 대부분의 간이식자가 C형 간염 바이러스 감염 환자라 한다. 최근에는 약으로 완치가 가능하다. 그런데 이 바이러스는 간암과 관련이 있는 것으로 알려져 있다. DNA virus는 대개 바이러스의 DNA가 부분적 혹은 전체적으로 숙주 DNA에 Integrate되어 있다. RNA virus는 특히 Nontransducing retrovirus인 경우 바이러스 유전체 전체가 숙주 DNA에 통합될 필요는 없으나 바이러스 유전자 발현을 조절하는 부위를 포함하는 곳(Long terminal repeat sequence)은 반드시 숙주의 Proto-oncogene 근처에 삽입되어야 한다. 이는 숙주의 암 유전자 발현이 정상 조절 틀에서 벗어나 바이러스의 유전자 발현 조절 기능에 지배를 받기 때문이다. 따라서 이런 경우 암으로 되는 것은 바이러스가 만드는 단백질(Protein coding sequence)과 무관함을 말해준다. 더욱이 Provirus가 숙주세포의 암 유전자(Proto-oncogene) 근처에서 통합되어 암을 유발한다는 것은 결국 앞에서 말한 Nontransducing retrovirus의 암 유발 기작을 확실하게 보여주고 있다. 어떤 Nontransducing retrovirus가 암을 유발하는데 긴 시간이 소요되는 것은 바이러스의 Provirus가 이론적으로 숙주세포 DNA의 아무데나 Integrate될 수 있는 반면 암을 유발하려면 c-oncogene 근처에 Integrate되어야 하기 때문이다. DNA 바이러스인 경우 adenovirus나 SV40는 숙주세포의 DNA에 끼어들어가지만 Epstein-Barr virus는 Episome 상태로 존재한다. 이 경우는 바이러스에 의해 Transform된 세포에서 Episome 수를 유지하는 데 필요한 단백질과 숙주세포의 성장과 분열을 일으키는 유전자만 발현이 계속된다. Papillomavirus에 의해 Transform된 세포에서도 바이러스는 Episome 형태로 존재한다. Papillomavirus는 고등 척추동물에서 Papilloma(유두종) 혹은 사마귀를 일으키는 바이러스인데 처음 발견된 DNA tumor virus이다. 무려 130종이나 알려졌으며 1980년 자궁암에서 HPV-16, HPV-18 DNA가 밝혀진 후 지금은 자궁암의 주원인(95%)이 Papillomavirus로 확인되었고 백신 개발이 완성되어 사용되고 있다. 고위험성은 HPV-16, 18, 31, 33, 35, 39, 45, 51, 52, 56, 58, 59, 61이고 HPV-6와 HPV-11은 위험성이 비교적 낮은 그룹에 속하는 것으로 알려졌다. 바이러스 감염은 얕은 상처를 통해 이루어지지만 바이러스 수용체는 아직 알려진 바 없으며 DNA는 약 8kb 정도이다. 바이러스의 Transformation을 유발하는 암 유전자는 Rous Sarcoma Virus(RSV)에서 처음으로 밝혀졌는데, 바이러스 유전체의 20%를 자연적으로 잃어버려도 바이러스 증식에는 아무런 지장이 없음을 알아냈다. 그러나 이 바이러스는 세포의 Transformation을 할 수 없다고 알려짐으로써 바이러스의 Transformation 능력은 바이러스 증식과는 무관한 것임을 알게 되었다. 그리고 온전한 바이러스를 Reverse transcription해 (−)Strand RNA를 얻고 또 앞에서 말한 Mutant(20% DNA 상실한 놈)에서 (+)Strand RNA를 만들어 Hybridize해 바이러스의 암 유전자(Viral src)를 분리하는 데 성공했고[(−)Strand에서 single strand로 남아있는 부분], 이 RNA가 숙주의 DNA와 Hybridize하는 것으로 보아 Viral src oncogene이 숙주에서 유래했으며 바이러스에서 온 것이 아님을 처음 발견한 J. Michael Bishop과 Harold Varmus는

1989년 노벨상을 수상했다. 그런데 Rous sarcoma virus를 제외한 다른 Oncogenic transducing virus는 Oncogene을 취득하는 과정에서 부분적으로 바이러스의 증식에 필요한 유전자를 잃게 되어 바이러스 증식을 못한다. 그러나 Helper virus (Replication competent)와 동시에 감염하면 Helper virus가 바이러스 증식에 필요한 모든 단백질을 공급해줌으로써 이런 혼합 바이러스는 좋은 Transducing oncogenic virus의 실험용 대상이 되어왔다. 대개는 하나의 v-oncogene을 갖고 있으나 그 이상을 갖는 경우도 있다. Avian erythroblastosis virus가 그 예인데, 이는 erbA, erbB라는 암 유발 유전자를 두 개나 갖고 있다. 하나로도 충분히 Transformation을 일으킬 수 있으나 다른 하나가 암 유발을 돕는다는 것을 알게 되었다. 그리고 바이러스와 숙주세포의 유전자 단백질을 만드는 부위(Coding sequence)가 서로 연결되어 있어 바이러스의 유전자 부위(Sequence)가 암 유전자의 생산을 촉진하거나 만들어진 단백질의 안정성을 높이는 경우가 있다. 또한 myc, mos 같은 v-oncogene은 연결되어 있는 바이러스의 Promoter에 의해 제한 없이 대량으로 만들어짐으로써 Transformation을 일으키게 된다. 대부분의 경우 바이러스가 획득한 유전자는 추가적 변이가 일어나 유전자의 Sequence가 변하든지, 한쪽 끝 혹은 양쪽 끝 모두 잘려나가든지, 또는 다른 변화에 의해 그 유전자의 발현 물질이 더 활성화 되든지 덜 활성화된다. 바이러스의 Transforming 단백질의 기능에 관해서는 그들의 아미노산 서열이 암시하는 바처럼 어느 것은 세포의 성장인자나 Cytokine 혹은 그들의 Receptor와 닮은 것이 바이러스(Herpes virus, Poxvirus) 유전체에 들어 있다. 그렇지 않으면 단백질이 특별한 효소, 즉 단백질 효소 활성화 효소(Protein tyrosine kinase)에서 볼 수 있는 단백질(Protein motif) 부위나 효소의 기능을 갖거나, 다른 세포 증식에 관여하는 단백질에 달라붙는 단백질 혹은 특별한 서열의 DNA(예: Promoter)에 부착할 수 있는 단백질 가닥(Sequence specific DNA binding motif)을 갖고 있는 경우가 있다. 이들은 모두 세포의 성장과 증식을 영구적으로 활성화하는 역할을 하는 데 가담하는 요소들이다. 예로서 바이러스 암 유전자로부터 생산된 단백질 중 맨 처음 발견된 것은 v-src(브이싸크) 유전자의 산물이다. 이는 Rous sarcoma virus에 의해 유도되어 암에 걸린 토끼의 혈장에서 얻은 단백질인데 분자량이 60kDa이며 인산화된 단백질로서 다른 단백질을 인산화하는 효소라는 것이 밝혀졌다. 그리고 단백질의 인산화가 암 유발과 관련이 있다는 단서를 알게 되었다. 실제로 생물학에서 단백질의 인산화는 대부분의 경우 단백질의 활성화를 의미한다. 그래서 효소의 이름도 단백질 인산화 효소 대신 Protein kinase(단백질 활성 효소)라 했다. 세포의 외부에서 들어오는 신호, 즉 세포 증식을 하라는 신호는 수용체를 통해 세포질을 거쳐 핵 속의 유전자에 전달되어 세포 증식에 필요한 모든 유전자의 발현을 가능하게 하는데, 신호는 때로는 여러 단계를 거쳐 핵 속으로 전달된다. 그런데 많은 경우 신호 전달은 관련된 단백질의 순차적인 인산화에 의한 활성화로 진행된다. 마치 릴레이 경주를 할 때 한 사람이 정한 거리를 달린 다음 배턴을 다음 주자에게 순차적으로 물려주는 것처럼 인산화에 의한 활성화가 이어진다는 말이다. 예를 들면 MAP kinase계의 신호 전달에서 세포 성장 인자가 세포 표면 특정 수용체에 붙어 활성화되면 계속 연결되는 신호 전달 고리의 단백질을 인산화에 의해 활성화하는데 중간에 MKKK(Map Kinase Kinase Kinase), MKK, MK가 있다. 이들 효소의 이름은 앞에서 말한 전형적인 예이다. 물론 이때도 신호의 종착점은 세포 성장을 유도하는 단백질 유전자의 발현에 필요한 특별한 유전자 전사인자의 활성화이다. Src 단백질이 알려진 이후에 세포의 신호 전달에 관여하는 많은 단백질이 밝혀졌다. Src 단백질은 특별하게 단백질을 구성하는 아미노산 중 tyrosine을 인산화하는 키나아제 영역(Kinase domain, SH1-Src homology domain 1)을 갖고 있고 추가해 SH2 domain, SH3 domain을 갖고 있다. 이 두 단백질 영역(Domain)은 단백질 간의 상호작용에 사용하는 영역인데, 신호 전달에 있어 관련된 다른 단백질을 모으는 역할을 한다. 이 두 Domain은 세포의 다른 세포 내 신호 전달 체계에 관여하는 단백질에도 존재하는데 인간 유전체(Human genome)는 115개의 SH2 domain을 갖고 있고 253개의 SH3 domain을 갖고 있다고 한다. 예를 들어 Crk라는 Transforming protein은 하나의 SH2 domain과 하나의 SH3 domain만을 포함하는 단백질이다. 그래서 이 단백질을 Adaptor protein이라 하는데, 그 기능은 다른 Protein을 끌어들여 기능성 신호 전달 Complex를 만드는 것이다. 네 번째 Domain인 SH4는 N-terminal 위치에 있어 단백질 지질화(Myristoylation signal)에 필요하며, 이는 Src protein을 일터인 Plasma membrane에 유치하는 역할을 한다. Src가 transformation 기능을 수행하는 데에는 이 4개의 Domain이 모두 필요하다. 그리고 Src kinase는 phosphorylation에 의해 자신의 효소 기능을 조절한다. 416번째 Tyrosine을 phosphorylation(Kinase domain)하면 자신을 활성화하고 527번째 아미노산인

Tyrosine(C-terminal segment)을 인산화하면 활성이 소멸된다. 이는 각각 다른 부위의 분자에 Phosphorylation함으로써 전체 효소 단백질 분자의 3차원 구조에 변화를 가져와 활성화 또는 비활성 상태로 변하는 것이다. 따라서 v-Src가 암 유발 유전자로 되려면 이 효소의 제어장치인 527번째 아미노산 Tyrosine을 coding하는 Codon이 손실되거나 돌연변이가 일어나 다른 아미노산으로 바뀌면 영구 활성화가 가능해 암 유전자로 변한다. 이는 단순하게 암 유전자의 과잉 생산만으로는 Transformation을 일으키지 못한다는 예이다. 활성화된 Kinase에 의해 다른 여러 단백질이 Phosphorylation되며 다른 v-Src transformed cell의 특징, 즉 둥근 모양, 부착 상태의 변화도 관련된 단백질의 Phosphorylation에 의한 변화이다. 이와 비슷한 또 다른 예는 HIV 환자에서 자주 일어나는 암(Kaposi's sarcoma)인데, 이 암은 Human herpes virus 8가 관련된 것으로 알려졌다. 이 바이러스는 그 유전체에 몇 개 숙주세포의 유전자와 동등한 신호 전달에 관여하는 단백질을 만드는 유전인자를 갖고 있고 이 중에 잘 알려진 놈이 vGPCR(virus Guanosine-nucleotide binding Protein-Coupled Receptor)이다. 이는 정상 세포에 존재하는 특정 케모카인 수용체(CXC chemokine receptor)와 아주 닮은 놈이다. 케모카인(Chemokine)은 여러 종류의 세포에서 분비하는 조그만 단백질인데 50여종이 알려져 있으며, 염증 반응에서 백혈구 세포를 혈액 조직세포로 끌어들이는 역할을 한다. 감염된 장소에 면역세포를 끌어들여 효율적으로 방어할 수 있게 돕기도 하고 상처 치료 및 혈관 재생 등 다양한 역할을 한다. -Kine이라는 말에 유의하기를 바라는데, 기능은 다르지만 각종 백혈구에서 생산되는

Lymphokine(Interferone, Interleukine 등)도 있다. 이들은 모두 특정 세포가 분비하는 Cytokine이다. 정상 세포에서 GPCR은 염증(Inflammation) 반응을 일으킬 때 분비하는 Chemokine과 결합하게 되면 신호 전달 체계를 활성화해 앞에서 말한 여러 가지 일들을 유발한다. 이런 Chemokine을 세포가 감지하는 것은 케모카인 수용체를 통해 이루어지는데, 모두 큰 집단 GPCR이라는 수용체군에 속하는 수용체이다. 그런데 v-GPCR은 Ligand(Chemokine) 접착 없이 항상 활성화되어 세포의 특정 신호 전달을 활성화한다. V-gpcr을 NIH 3T3라는 세포에 들여놓으면 세포는 모형 변환을 일으키고 Vascular endothelial Growth factor (VEGF)를 분비한다. 이는 혈관을 자라게 하는 성장 호르몬인데 Kaposi's sarcoma의 특징인 새로운 혈관의 과다 생성을 유도한다. 또한 이 바이러스는 3개의 Chemokine(vCCL, virus chemokine ligand)을 만들어내는데 대식세포 저해 단백질(Macrophage inhibitory protein)로 작용하는 것이다. 이들이 대식세포의 수용체에 붙어 대식세포를 무력화함으로 숙주의 면역 체계에서 벗어나 바이러스가 자랄 수 있게 하는 역할을 한다. 다른 모든 암에서도 암이 활발히 자라려면 혈관이 생겨 계속 산소와 영양소의 공급이 필요하다. Vaccinia virus도 인간의 EGF (Epidermal Growth Factor)와 유사한 유전자를 소유하는데 이 역시 세포를 변화시킨다(Anchorage independent growth). 그런데 바이러스에 따라 숙주세포의 유전자와 아무 관련 없이 자기만의 독특한 유전자에 의해 감염하는 세포의 성장 증식을 변화시키는 놈들이 있다. 잘 알려진 놈이 Epstein-Barr virus인데 EBV가 생산하는 단백질[Latent Membrane Protein(LMP-1)]은 인간의 백혈구

암(B cell immortalization)을 일으킨다. LMP-1은 숙주세포의 세포막에 통합되어 CD40라는 항원 제시 세포(APC, Antigen Presenting Cell, 다음 장에서 자세히 말함)의 표면에 있는 정상적인 단백질 수용체의 역할을 흉내 내는데, 문제는 CD40 ligand(CD40L)가 없어도 항상 활성화되어 Hodgkins병, nasopharyngeal Carcinoma, Immunoblastic lymphoma같은 암을 유발한다. LMP-1의 역할은 다양한데 세포 분열, Apoptosis, Transformation 등에 관여하는 유전자의 활성화를 유도한다. 이는 설치류의 섬유아세포 배양에서도 전형적으로 Transform된 세포 모양을 보여준다. EBV에 감염된 세포에서 EBNA-2는 바이러스가 만들어낸 단백질 중 하나인데, Transcriptional activator로 작용해 LMP-1의 생산을 돕고 세포 성장에 필요한 단백질의 생성을 촉진한다. 전에도 말한 대로 Nontransducing retrovirus에 의한 Tumor의 유발은 Provirus가 숙주세포 DNA에 통합되어 근처의 세포 유전자가 활성화되어 일어난 것이다. 이런 것을 일컬어 Insertional activation이라 한다. 이에 대한 처음 연구에 기여한 놈 들이 Rous-associated virus 1 and 2인데 이들은 암 유전자를 갖고 있지는 않다. 그러나 닭에서 B cell tumor를 유발하는데, 이들이 세포 유전자 myc 근처에 Provirus가 통합되어 있어 c-myc를 활성화해 암을 유발한다. 통합 방식은 크게 Promoter insertion과 Enhancer insertion으로 구분된다. 전자는 때때로 c-oncogene의 중간에 통합되어 c-oncogene이 잘려나가는 경우가 있는데, 잘려나간 부분이 유전자의 기능을 조절하는 부위 일 수도 있다. 이런 경우 암 유전자는 계속 열려 있을 것이고 활성 암 유전자 산물을 계속 만들어낼 것이다. 그리고 이런 방식으로 Proto-oncogene에 통합하는 과정에서 Retrovirus가 Oncogene을 획득하는 것으로 알려졌다. 실제로 이런 식의 감염에서 Transducing retrovirus가 탄생하는 것을 관찰했다. Rous-associated virus 1은 닭에서 암(Erythroblastosis)을 유발하는 경우에 Provirus가 세포의 erbB gene(c-oncogene, 어-부비) 근처에서 통합할 때 EGF 수용체인 erbB 유전자의 사이에 끼어들어감으로써 바이러스가 erbB의 일부만을 취득하게 되어 다음 숙주에 감염할 때 erbB의 일부만을 달고 들어간다. 문제는 erbB가 정상 세포에서 EGF 수용체를 만드는 유전인자인데, 떨어져나간 부분이 이 수용체의 심장부라 할 수 있는 EGF(Ligand binding domain)에 부착해 EGF 수용체를 활성화하는 부위로 이 부분이 제거되면 수용체가 EGF에 부착하지 않아도 계속 활성 신호를 보냄으로써 항구적인 세포 증식을 유도하게 된다는 것이다. 이와 비슷한 Transducing virus에 의해 포획된 v-erbB에서도 다른 부분이 떨어져나가는 경우가 있다. 이들 단백질이 암을 유발하는 데 있어 pRb(Retinoblastoma, 이는 후에 말할 P53과 더불어 대표적인 암 발생 억제 유전자이다)와 부착하는 것이 필요함을 알게 되었으며, 일반적으로 이들 단백질이 pRb와 작용해 이의 정상 기능을 못하게 하는 것이 Transformation에서 중요하다는 것을 알게 되었다. pRb 자체는 직접 암을 유발하지는 않지만 초기 암에서부터 진전된 암으로의 발달에 pRb의 무력화가 중요하다. 인간의 사마귀 바이러스(HPV)가 생산한 E7은 pRb에 부착함으로써 pRb/E2F complex에서 E2F를 방임해 세포 주기가 G1 phase에서 S phase로 진입하도록 한다. 재미있는 것은 HPV의 고위험성 바이러스 E7이 저위험성 바이러스 E7보다 pRb에 부착하는 친화력이 10배나 강하며 고위험성 E7이 pRb의 다른 부분에 부착해 pRb를 파괴하도록 한다는 것이다. 예로서 Adenovirus가 생산하는 단백질(E1A)의 경우 Transformation에 필요한 두 부위는 세포의 암 억제 단백질(Tumor suppressor protein)인 pRb에 부착한 부위다. 일반적으로 Adenovirus, SV40, HPV 같은 DNA virus들은 바이러스 DNA 증식에 필요한 물질을 S phase(숙주세포 DNA가 증식하는 시기)에 진입한 숙주세포로부터 공급받아야 하므로 G1 phase에서 S phase로의 진입을 막는 Tumor suppressor인 pRb 의 기능을 무력화하는 것이 중요하다. 암을 유발하는 바이러스 SV40은 이 바이러스가 생산하는 단백질[Large T antigen(LT)]에 의해 Transformation을 일으킬 때와 발암성 사마귀 바이러스(Oncogenic human papillomavirus)가 생산하는 단백질(E7 protein)에 의해 암이 유발될 때처럼 어떤 방식으로든 E2F가 방임되어 활성화되는 것이 중요하다. 지금까지 말해온 E2F는 특별한 Transcription factor(DNA 전사인자, 제4장 참조)인데 4장에서 말한 대로 DNA 전사인자는 RNA polymerase II가 Promoter에 부착해 유전자 발현, 즉 DNA 전사를 가능하게 하는 단백질들이다. 이에는 모든 유전자 전사에 필요한 일반 전사인자(General transcription factors)와 특정 Promoter의 접근에 필요한 특수 전사인자가 필요한데 E2F는 S phase의 세포 분열에서 DNA 합성 시 DNA 중합 효소 및 필요 한 원료(Deoxynucleotides) 등을 준비하는 데 필요한 효소 등을 만드는 유전인자를 열어 발현 가능하게 하는 특수 전사인자이다. 그런데 E2F가 pRb에 붙들려 있으면 세포는 G1 phase에서 S phase로 진입하지 못한다. 단백질 pRb의 역할은 대단히 정교하다. 이는 무려 16군데나 인산화될 수 있는데, 인산화는 세포 분열 각 단계에서 다른 종류의 Cdk-cyclin에 의해 이루어지고 인산화의 정도에 따라 E2F와의 결합 여부가 결정된다. 그리고 4장에서 간단히 말한 대로 유전인자의 발현에 관여하는 Histone deacetylase와 Histone remodeling complex (SWI/SNF에 속하는 BRM, BRG1)에도 부착하는 것으로 알려졌다. 이밖에도 100여 개의 단백질에 부착하는 것으로 보아 pRb의 기능은 광범위하고 알려진 것보다 다양할 것으로 추측된다. Mammalian cell은 G1에서 S phase를 통해 세포 분열 주기에 진입할 때 G1 restriction point를 통과했다고 하는데, 정상 세포는 세포 분열 신호(Mitogenic signal)에 반응해 동원되는 G1 Cdk와 D type cyclin이 만들어져 활성화되어 cyclin D의 생성이 계속되면 Cdk activity가 G1 중반에서부터 나타나기 시작해 G1에서 S phase로 진입할 때 최고에 이른다. 그리고 S phase에 들어가면 소멸되는 것이 보통이다. 이는 활성화된 Cdk가 pRb를 인산화 시킴으로써 E2F(특별한 유전자 전사인자)를 해방시켜 일어나는 현상이다. 따라서 pRb를 갖고 있는 세포에서 Cyclin D를 생산하는 것을 저지하면 G1 phase에서 S phase로의 진입은 일어나지 않는다. 기준 이하로 인산화된(Hypophosphorylated) pRb가 G1 초기에 특정 E2F족속 단백질(Sequence specific transcription factor)에 붙게 되면 E2F에 의해 열리는 유전자의 전사를 하지 못하도록 한다. 이에 pRb가 앞에서 말한 대로 여러 개의 인산화가 가능한 곳이 있어서 G1 Cyclin D-Cdk에 의해 인산화되면 E2F에 붙어 있을 수 없어 E2F가 해방되어 E2F에 의해 열리는 Promoter로부터 Cdk2, cyclin과 E2F(Positive feedback) 자신을 생산한다. 그러므로 활성 E2Fs가 증가하고 Cyclin E-Cdk complex가 빨리 증가하게 된다. 일단 이런 단계에 이르면 세포 주기에서 S phase로의 진입은 세포 분열 신호와 무관하게 진행된다. pRb가 없는 세포에서도 세포 주기는 cyclin E가 필요하기 때문에 이런 세포에서는 다른 방법으로 진행되는 것 같다. pRb는 그 외에도 하나의 세포에서 한 번만 DNA가 증식하는 것을 확인하는 일도 하는 것으로 알려졌다. 그런데 몇 개의 DNA 바이러스가 암 유전자로부터 생산한 단백질이 이런 정상적인 세포 주기의 진행을 유도하는 외부 요인(Growth factor)을 간과해 적절한 신호 없이 S phase로 진전하게 한다. Adenovirus의 E1A, SV40 LT, 발암성 Human papillomavirus type 16, 18의 E7은 세포 분열을 일으키며 DNA 증폭과 세포 증식을 유도한다. 이들은 모두 pRb(Hypophosphorylated)가 E2F족에 속하는 단백질에 부착해 pRb의 정상 기능을 무력화 하기 때문이다. 예를 들어 SV40 LT는 pRb에 부착하는 영역 외에 N-terminal 근처에 있는 J Domain이라는 단백질 분자 영역이 있는데, 이는 Molecular chaperon(샤프롱: 젊은 남녀가 처음 사교계에 나갈 때 따라가는 보호자. 단백질이 처음 만들어질 때 달라붙어 제대로 된 분자로 되도록 돕는 단백질을 일컬음) 기능이 있어 pRb-E2F complex를 분리시키는 일을 한다. Adenovirus의 CR1 protein도 비슷한 기능을 갖고 있다. 그리고 Adenovirus의 E1A는 E2F의 양을 증가하는 기능뿐 아니라 E2F를 안정화하는 기능도 있다. pRb와 비슷한 기능을 갖는 여러 단백질이 알려져 있는데, pRb가 가장 대표적인 분자이고 역시 모두 Adenovirus E1A, SV40 LT, Human papilloma virus type 16 & 18의 E7 protein에 부착하는 성질이 발견되었다. 그리고 다른 Rb족에 속하는 단백질(p107, p130)들도 E2F나 바이러스의 암 유발 단백질에 부착하는 데 필요한 영역을 공유하고 있어 암 유발을 억제한다는 사실을 알게 되었다. 다른 Rb member들은 각각 다른 E2F member들과도 작용하는 것으로 알려졌다. 예를 들어 p130의 경우 E2F-4와 E2F-5에의 부착은 세포 주기의 G0 phase를 유지하는 데 중요하고 실제로 G0 phase에서 양적으로 많이 존재한다. 그리고 실제로 adenovirus나 SV40의 단백질에 의한 그들의 파괴는 세포 주기에 다시 들어가게 하는 것임이 확인되었다. 재미있는 것은 Human herpes virus 8는 기능성인 Cyclin을 만들어낸다. 이를 v-cyclin이라 하는데 Human cyclin D와 매우 유사하다. 그러나 세포 속에서 만들어지는 Cyclin -Cdk의 기능을 저지하는 단백질에 내성이 있어 v-cyclin은 세포의 G1 phase를 지나 다음 단계로 진행하게 한다. 그리고 pRb와 다른 세포 분열 주기 조절인자인 p53는 이것이 SV40 LT에 부착하는 성질로 인해 1970년대 말 처음으로 발견된 중요한 세포 주기 조절인자이다. p53는 세포의 DNA에 손상이 있는 상태, 또는 DNA 합성에 필요한 자료(염기)의 부족 혹은 저산소 상태 같은 좋지 못한 조건에서 세포 분열을 정지시키는 중요한 암 발생 저지 단백질이다. 하지만 인간의 종양 50% 이상에서 돌연변이가 있어 암 발생에도 가장 많이 관련되어 있다. 이는 정상 세포에서는 그 농도가 낮으나 UV, Gamma 광선에 의해 DNA에 손상이 생기면 그 양이 증가한다. 그리고 p53를 활성화하는 여러 가지 요인이 있는데, 그 중에 잘 알려진 것이 ATM(Ataxia Telangiectasia Mutated)이라는 유전자에서 만들어진 단백질이다. 만약 DNA에 손상이 생겨 ATM이 이를 감지하면 이 놈이 p53을 인산화하고 활성화해 유전자 전사인자로서 작용해 p21을 만드는 유전인자를 열게 하고 이렇게 생산된 p21(분자량이 2만 1,000인 단백질)이 Cyclin E-CDK2에 부착해 인산화 효소 기능을 저지한다. 따라서 p21이 존재하는 한 Cyclin E-CDK2는 pRb를 인산화하지 못하므로 E2F를 꽉 잡고 있어 세포 주기는 G1에 머물러 있게 되는 것이다. 즉 손상된 DNA가 보수될 시간을 갖게 되는 것이다. 그런데 ATM에 돌연변이가 일어나 기능이 상실되면 DNA를 손상하는 UV, X광선 등에 민감한 반응을 일으키는데, 아이들이 이 돌연변이 유전자를 전수받으면 10%가 백혈구암(B cell lymphoma)을 일으키고 다른 여러 병세를 보인다. p53는 정상 세포에서는 그 양이 적은데 이는 이 단백질이 쉽게 파괴되기 때문이다. 그 이유는 보통 p53는 Mdm2(Ubiquitin-protein ligase, E3)라는 단백질에 부착해 Proteasome이라는 세포 속의 단백질 분해 기구에 의해 분해되어 p53가 파멸되기 때문이다. 그러나 세포가 일단 비상 신호(Stress signal)를 감지하면 Mdm2에서 떨어져나가 p53가 안정 상태로 된다. 그리고 Bax 같은 유전자 산물의 생산을 상향 조절함으로써 세포의 Apoptosis를 유도하기도 한다. 그런데 인간의 Sarcoma(Tumors of connective tissues: Bone, Muscle, Tendon)의 35% 이상이 Mdm2 유전자가 증폭되어 유발된다는 사실이 밝혀졌다. 이는 p53 자체의 돌연변이는 아니다. 그러나 p53가 Mdm2에 잡혀 파괴됨으로써 제 구실을 못한 것이다. 그리고 자궁암(Cervical cancer)을 일으키는 Human papillomavirus E6 단백질 역시 p53에 부착해 마치 Mdm2처럼 p53를 파괴하는 것으로 알려졌고 SV40 large T antigen(LT), Adenovirus의 E1B 단백질도 p53에 부착해 활성을 저지한다. p53는 앞에서 말한 대로 DNA에 부착하는 단백질이며 강한

Transcription activator이다. 그리고 p53 유전자의 돌연변이에 의해 유발되는 암은 DNA에 부착하는 기능이 없어진 것들이다. 그리고 이의 기능에 관해선 앞에서 말한 대로 DNA를 손상시키는 강한 방사선에 노출되었을 때 p53가 증가하는데, 이는 ATM, Chk2가 p53를 인산화함으로써 Mdm2가 p53에 부착하지 못하게 막아 핵에 p53를 증가시키고 특정한 단백질(p21)이 몇 종류의 Cdk–Cyclin에 부착해 기능을 저지함으로써 세포의 G1 Phase 또는 G2 Phase으로의 진전을 막는 역할을 한다. 또한 p53에 의해 만들어진 p21 단백질은 DNA 증식을 막는 기능도 있다(DNA repair는 지장이 없음). EBV, KSHV 같은 Gammaherpesvirus에 속한 놈들은 Bcl2와 유사한 단백질을 만들어내는데, 일반적으로 Bcl2는 20여 종의 구조적으로 가까운 단백질이 있다. 분자 구조와 기능에 따라 Pro–apoptotic, Anti–apoptotic, BH3만을 갖는 놈으로 구별되는데, BAX, BAK 같은 Pro–apoptotic member는 마이토콘드리아의 외벽에 다중합체를 이루고 통로(Channel)를 형성한다. 그리고 이를 통해 Cytochrome c와 다른 Apoptosis를 유도하는 단백질이 새어나오도록 해 Apoptosis를 일으키며 Bcl2 같은 Anti–apoptotic member는 BH3를 잡아둠으로써 다른 Pro–apoptotic member와 상호작용을 못하게 해 Apoptosis가 일어나지 못하게 한다. EBV 감염에서 바이러스가 만든 vBcl member인 BHRF1은 바이러스가 증식 생산할 때 초기에 만들어내는 단백질로서 감염된 세포가 Apoptosis를 일으켜 죽어나가는 것을 막는 역할을 한다. 이는 여러 가지 DNA를 손상시키는 시약, UV radiation 혹은 세포가 생산하는 Pro–apoptotic Bcl2 member인 BIK, BOK의 생산을 방해함으로써 바이러스가 생산되어 나오기 전에 세포가 죽어나가는 것을 방지하는 것이다. 그러나 암의 경우 암세포를 죽이는 장치가 작동하지 못하면 암은 계속 자랄 수밖에 없다. 지금까지 암을 유발하는 암 유전인자와 암을 억제하는 유전 인자에 관해 이야기했다. 암과 관련된 생물학은 대단히 방대하고 생물학의 발전은 암 연구를 통해 많은 부분이 이루어졌다. 알려진 암 유전자의 수만 해도 600개가 넘는다고 하니 이곳에서 이야기한 것은 아주 단편적임을 알 수 있다. 이제부터는 암에 관해 최근에 어떤 일을 하고 있는지 알아보고 암에 관한 이야기를 그치려 한다. 암에 관한 최근 연구 역시 다각적으로 진행되고 있는데 여기서는 두서너 가지에 관해서만 이야기하 겠다. 가장 두드러진 점은 암이 유전자의 돌연변이에 의해 일어나는 병이라는 관점에서 미국 보건연구소(NIH) 내 암연구소(NCI, National Cancer Institute)가 2009년 TCGA(The Cancer Genome Atlass)라는 대대적인 연구 Pro ject가 시작되었으며 2010년 전 세계 15개국의 연구자들이 가담하는 국제 암 유전자연구협의체(International Cancer Genome Consortium)가 구성되어 모든 암의 유전자 변형을 밝혀내려는 연구 시도가 이루어졌다. 마치 1990년대 Human Genome Project가 착수되어 인간 유전자 DNA의 30억 bp DNA 염기 서열이 2000년대 초에 완성된 것과 유사한 시도로서 여러 종류의 암 환자 DNA의 염기 서열을 결정해 암 종류에 따라 총 유전자변이 지도를 완성하는 것을 목표로 진행되고 있다. 이런 규모의 다른 사업(project)과 마찬가지로 사업 진행 과정에서 생기는 기술적 방법의 발전은 대단하다. DNA 염기 서열을 결정하는 차세대 염기 서열 결정(Next Generation Sequencing) 방법이 확립되어 신속하게 총 유전자의 염기 서열 결정이 가능하게 됨으로써 암 유전자의 총 목록이 거의 완성되었고 암 유전자의 발현을 조절함으로써 암의 유발 및 암의 진전에 관련된 유전자들이 밝혀지고 있다. 새로운 암 치료제의 개발 대상이 확장되어 치료제 개발이 활발히 진행되고 있고 치료 방법도 개별 환자의 암을 깊이 있게 알아낼 수 있게 됨으로써 대폭 개선되어가고 있다. 최근 개발된 치료제로는 앞에서도 이야기한 대로 우리 몸의 암에 대한 면역 반응을 하향 조절하는 것을 차단해 면역 반응을 소생시키려는 시도로서 면역 반응 하향 조절에 관련된 단백질(수용체와 이에 대한 Ligand)에 달라붙어 이들의 기능을 차단하는 단일 클론 항체들이 개발되어 미국 식약청으로부터 허가를 얻어 사용되고 있으며 계속 이 치료제를 보완해 효율을 높이려는 시도가 진행되고 있다. 재미있는 것은 앞에서 말한 대로 우리 몸에 살고 있는 미생물들이 이런 면역 치료에 지대한 영향력을 주고 있다는 것이 알게 되자 치료 효과가 있는 환자의 대변을 치료 효과가 없는 환자의 장에 이식해서 효과를 본 것이다. 화학 요법은 물론 암의 면역 치료에도 우리와 더불어 살고 있는 장 속의 미생물이 큰 영향력을 행사하고 있다는 것이다. 이와 관련해 아주 명확한 발견이 최근 간암의 경우에서 이루어졌다. 간의 중요한 기능 중 하나는 장에서 흡수한 영양소를 혈관을 통해 간으로 전달해 온몸에 분배하는 것이다. 간으로 가는 혈액의 70%가 장으로부터 흘러나오고 있으므로 장 속에서 일어나는 일이 곧바로 간에 전달된다. 간은 또한 담관을 통해 담즙(Bile Acid)을 장에 보내 지방의 소화 흡수를 돕는 일을 수행한다. 그런데 문제는 장 속에 사는 나쁜 박테리아

(Clostridium)들이 담즙(Primary bile acid, Chenodeoxycholic acid)을 변화시켜 나쁜 2차 산물(Secondary bile acid, Glycolithocholate)로 만들어 혈액을 통해 간에 보낸다. 그런데 간에서 Primary bile acid가 많으면 정상적이어서 간 벽 세포에서 특수한 물질(Chemokine)을 만들어 간에 NK T cell을 끌어들여 간의 면역 기능이 강하지만 장에서 나쁜 박테리아가 생산한 Secondary bile acid가 간에 보내져 Primary bile acid보다 더 많이 축적되면 간 벽 세포가 NK T cell을 끌어들이지 못하게 됨으로써 간암 유발을 막거나 이미 생긴 암을 제거할 면역 기능을 상실하게 된다. NK cell을 동원해 암을 치료하려는 시도와 관련해 NK cell은 독특한 수용체(NKG2D, NK group 2D)를 갖고 있어 암 세포나 바이러스가 감염된 세포가 세포 표면에 나타나는 라이갠드(Ligand)를 인식해 세포를 처치하는 것이 정상적인 기능이다. 하지만 암세포에서 면역 기능을 회피하는 방법으로 세포 표면의 라이갠드(MIC A, MHC class I related sequence A, MIC B)를 특수 단백질 분해 효소가 절단해 탈락시킴으로써 NKG2D 수용체가 암세포를 인식하지 못하게 만든다. 그래서 암 치료제로 MICA, MICB 에 부착하는 단일 클론 항체(mAb, monoclonal antibody)를 개발해 단백질 분해 효소가 MICA, MICB를 인식하는 부위에 부착해서 차단함으로써 NK cell이 정상 활동을 해 암을 처치하도록 하는 NK cell을 동원하는 암 치료제가 개발되어 동물 실험에서 탁월한 효과를 보였다. 이밖에도 수많은 암 유전자와 암 유전자 산물들의 작용 기작이 밝혀짐으로써 각 단계별로 적용 가능한 새로운 치료제가 개발되고 있다. 그리고 빠

트릴 수 없는 점은 암 연구 관련 분야가 Chromatin의 Epigenetic modification과 관련되어 있다는 것이다. 한 마디로 모든 암에서 Epigenetic modification이 관찰되지 않는 곳은 거의 없다. 그럴 수밖에 없는 것이 염색체의 변화(Chromatin modification)는 곧 DNA를 주형(Template)으로 하는 모든 생물학적 현상, 즉 유전자 발현(Transcription), DNA 보수(DNA repair), DNA 증식(Replication)에 있어 주도적 역할을 한다. 그리고 Epigenetic modification이 배아줄기세포의 분화에도 결정적인 역할을 하는 것으로 알려졌다. 예를 들어 결체 조직(Connective tissue)의 줄기세포를 Mesenchymal cell이라 하는데, 이는 조직의 유지, 즉 조직에서 죽어나가는 세포를 보충할 때 줄기세포가 분열해 조직세포로 분화(Differentiation)하는 것이 조직의 유지에 중요하다. 줄기세포는 계속 세포 분열 을 해 일부는 줄기세포 상태로 남고 일부는 조직세포로 분화시켜 죽어나가는 세포를 보충해서 조직을 계속 유지한다. 그런데 그 조절은 Epigenetic modification에 의해 좌우된다. Mesenchymal cell과 상피세포 사이의 상호 분화도 그렇다. 물론 생명이 짧아 계속 보충이 필요한 면역세포의 보충도 줄기세포로부터 분열 분화에 의해 일어나는 것인데, 이때도 Chromatin modification이 주요 역할을 하고 있다. Chromatin은 DNA와 Histone으로 되어 있다는 것은 이미 잘 알고 있다(제4장 참조). Chromatin modification은 DNA, Histone 모두에서 일어나고 효소에 의해 일어나는 화학적 변형(Modification)으로, DNA 변형은 DNA의 염기 Cytidine에 메칠기를 붙이는 메칠화(Methylation) 등이 알려져 있다. Histone

의 변형도 메칠화, 에칠화, 인산화 등 더 다양한(적어도 16종류) 변화를 일으킨다. Chromatin 변형과 그에 따른 생물학을 전반적으로 파악한다는 것은 이 분야의 전문가가 아니면 어렵다.

Chromatin remodeling에 관여하는 효소, 단백질들을 포함하면 분야는 더 방대해진다. 여하튼 이들을 통틀어 Chromatin epigenetic modification이라 하는데, 기능 혹은 이들 변화는 생명체의 생존에 필요한 일 중에서 가장 중요한 유전자 발현 및 DNA 증식, 보수작업 수행의 조절 기능을 수행하고 있다. 일단 변형이 되면 이를 알아보는 단백질 혹은 효소가 붙게 되고 이를 통해 유전자 전사인자가 모여 유전자 발현이 가능하게 된다. 다른 DNA를 주형으로 하는 일들도 비슷한 방법으로 일어난다. 따라서 생물학자들은 변형을 하는 놈들을 저자(Writer), 변화를 인식하는 놈들을 독자(reader), 변화를 지우는 놈들(예: Demethylase 등)을 지우개(Eraser)라는 은어적 표현으로 구분해 연구하기도 한다. 비슷한 방법으로 DNA에 메칠기가 붙는 CpG(C: Cytidine, p: 인, G: Guanidine)가 모인 곳(주로 Promoter 위치)을 CpG island라 하는데, 이 CpG island에서 2kb 안에 존재하는 곳을 해안(Shore, 이곳도 메칠화가 잘 되는 부위임)이라 하고 멀리서 메칠화되는 곳을 열린 바다(Open sea)라 구별하기도 한다. 그리고 해안(shore) 근처에도 메칠화가 될 수 있는 곳이 있는데 이를 사주, 모래톱(Shelves)이라 부른다. 생물학을 전공하는 사람들이 복잡하고 딱딱한 일을 좀 재미있게 만들어보려는 시도인 것 같다. 여하튼 CpG island에 과다하게 메칠화되어 있으면 유전자가 닫히게 되어 전사가 일어나지 못한다 그러나 Histone은 사정이 다르다. 구성 아미노산 중 어느 놈이 메칠화되느냐에 따라 다르다. 주로 Lysine이나 Arginine이 메칠화의 대상인데, 예를 들면 Histone H3의 네 번째 아미노산이 Lysine(K, 아미노산의 단일 문자 표시에서 Lysine을 K로 표시한다)이다. 이 놈이 메칠화되어 3개의 메칠기가 붙으면 이를 간략하게 H3K4me3로 표기한다. 이렇게 되면 활성화(유전자 전사)되지만 H3K27me3 상태는 유전자 발현을 저지한다. 여기서 이들 각각의 메칠화는 독특한 효소에 의해 이루어지는데, 이들도 제멋대로 일하는 것이 아니라 세포가 처해 있는 형편에 따라 신호를 전달받아 움직인다. 한편 관여하는 효소 단백질 집합체의 종류는 수십 가지가 되고, 전반적으로 Chromatin의 Epigenetic modification에 관여하는 단백질의 종류는 수백 개가 될 것으로 사료된다. 그리고 이들의 유전자의 돌연변이는 거의 모든 암 유발에 중대한 역할을 한다. 따라서 요즘 이들을 표적으로 새로운 암치료제가 개발되고 있다. 끝으로 요즘 진행되고 있는 암 백신 개발에 관한 이야기를 빠트릴 수가 없다.

각각의 암 환자에게 맞춤형 백신이 개발되고 있는데, 이는 한 마디로 최신 생명공학의 꽃이라 할 수 있다. 간략하게 이야기 하면 개별 암 환자에게서 채취한 생체검사 Sample을 이용해 차세대 DNA 염기 서열 결정 방법으로 모든 DNA 염기 서열을 결정한 다음 염기서열을 개발된 유전자 분석 Algorithm을 이용해 돌연변이를 찾아낸다. 돌연변이가 된 부위의 단백질(Peptide)을 합성하고 이를 개선된 면역 활성제(Adjuvant)와 함께 조제해 백신을 만들었다. 이때 이미 개발되어 사용 중인 Immune checkpoint blockade 치료제와 같이 사용하여 좋은 결과를 얻었다. 예비 실험 결과가 상당히 좋게 나온 것 같다. 여하튼 머지않은 장래에 대부분의 암 치료가 가능해질 전망이다.

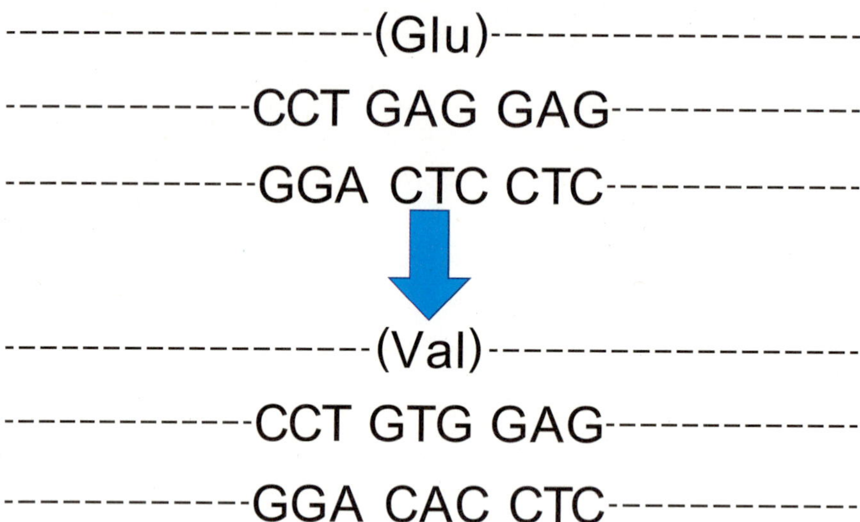

▲ 그림은 유전인자의 돌연변이가 단백질의 아미노산을 바꾸어 놓으므로 단백질의 구조가 달라지고, 달라진 단백질의 구조가 기능의 변화로 이어져 병을 일으키는 경우를 보여준다. 우리 적혈구에 산소를 각 조직세포에 공급하는 역할을 담당한 단백질이 헤모글로빈인데 이는 두 가닥의 단백질(–chain, –chain)로 되어있다. 그런데 –chain을 만드는 유전자에 돌연변이가 일어나 여섯 번째 아미노산을 지시하는 Codon(3개의 염기가 모여 한 개의 Codon이 된다. 그리고 3개의 염기가 어떤 순서로 어떤 염기가 만들고 있느냐에 따라 20개의 아미노산 중 하나가 결정된다)에 한 개의 염기가 A에서 T로 치환됨으로 –chain의 6번째 아미노산이 글루타민(GAG)에서 발린(GTG)으로 바뀐다. 이렇게 되면 –chain 헤모글로빈이 변하게 됨으로, 이를 갖는 적혈구가 정상 원반 모양에서 길쭉한 낫의 날 같은 모양으로 변하고 이를 갖는 사람은 심한 빈혈 증세를 나타내고 다른 합병증을 보인다. 아프리카 흑인의 25%가 이런 유전자를 하나 갖고 있다고 한다. 그래서 어머니와 아버지가 모두 이런 유전자를 갖고 있으면 자식의 4분의 1은 Sickle cell anemia를 낳는다. 이와 유사한 방법으로 암 유전자도 자식에게 전수된다.

07
우리 몸의 방어 체계

Chapter 07

우리 몸의 방어 체계

내가 자주 다니는 앵자봉 등산로에는 쓰러진 개박달나무가 있다. 가끔 숨이 차면 그 나무에 걸터앉아 숨을 고르기도 하고 간식을 먹기도 한다. 그런데 내려가는 등산로에는 아름드리 큰 소나무 한 그루가 서있다. 그 소나무에 올라가 가지에 누워 산들바람에 가볍게 흔들리는 솔잎들과 그 사이로 쏟아지는 햇빛, 그리고 멀리 푸른 하늘을 보며 15분쯤 있노라면 산행의 모든 피로는 사라지고 행복감마저 든다. 몇 년 전 쓰러진 개박달나무는 흰색 곰팡이와 버섯이 독차지하고 있어 엉덩이조차 붙일 공간이 없는 반면 소나무는 멋진 위용을 뽐내며 잘 자라고 있다. 이 같은 현상을 그저 대수롭지 않게 넘겨버릴 수도 있지만 생물학자의 한 사람인 나는 직업병인지는 몰라도 이것이 바로 살아 있는 것과 죽은 것의

한 가지 차이점임을 실감하곤 한다. 생명체의 자기 몸 방어 체계는 살아남는 데 가장 중요한 지혜의 하나다. 너무도 정교하고 잘 발달되어 신비스럽게까지 느껴지기도 하다. 여기서 말하는 자기 방어는 거시적인 방어, 즉 작은 새들이 독수리나 매에게 잡혀먹는 것을 피하는 행위나 작은 동물이 큰 동물로부터 교묘하게 피하는 행동을 의미하는 게 아니다. 생명체가 생명을 유지하기 위해 외부에서 들어온 다른 생명체나 유해한 물질을 어떻게 방어하느냐의 문제라고 볼 수 있다. 이런 문제를 전적으로 취급하는 학문을 면역학이라 하는데, 이 책에서는 면역학을 학문적 측면에서 체계적으로 다루기보다는 생명체들이 어떤 방법으로 자기 방어 또는 자기 몸의 형평성 · 항상성을 유지하는지를 쉽게 전달함으로써 전문가가 아닌 독자들로 하여금 자기 건강을 유지하는 데 필요한 상식을 더해주고자 한다. 또한 젊은 생물학도들이 앞으로 이 분야의 연구에 관심을 가져주길 바라는 마음에서 이 분야에 관한 이야기를 나누어보려는 것이다. 우리 몸의 방어 체계는 크게 두 가지로 나눌 수 있다. 즉 선천성 면역 체계와 후천성 면역 체계이다. 선천성 면역 체계는 제1차 방어망이라 할 수 있는데, 외부에서 바이러스나 박테리아가 침입할 때 즉시 처치하는 방어망이다. 여기에는 면역 반응에 관여하는 세포들, 즉 NK cell, Macrophage와 백혈구, 세포가 생산하는 화학물질이 이런 역할을 담당하고 있다. 그러나 침입하는 미생물에 대해 특수한 반응을 하는 것은 아니다. 이에 반해 후천성 면역 체계는 시간이 걸리는 방어 체계이다. 이는 침입해온 병원체에 대한 항체를 형성해서 또 다시 같은 병원체가 들어오면 그 특정 병원체를 항체가 무력화함으로써 방어하는 방식의 체액성 면역 반응

(Humoral immunity)과, 병원성 박테리아 및 바이러스에 감염된 세포와 암세포 등을 T 임파구에 의해 처치하는 방식의 세포성 면역 반응(Cell mediated immunity)으로 나누어진다. 그러나 이 두 가지의 큰 면역 체계, 즉 선천성 면역 체계와 후천성 면역 체계는 서로 긴밀한 연락과 협조 하에서 이루어진다. 다시 말하면 선천성 면역에 관련된 면역세포들이 병원체를 인식해 어떤 cytokine(세포가 생산하는 인터페론 등)을 생산하느냐에 따라 후천성 면역 체계의 성격과 강도가 결정된다. 실제로 어떤 일들이 일어나는지 좀 더 자세히 알아보자. 앞서 말한 대로 선천성 면역 체계는 후천성 면역 체계와 유사하게 관여하는 세포에 의해 직접 병원체를 파괴하는 경우와, 병원체를 감지해 선천성 면역세포에서 분비되는 여러 종류의 항바이러스성 및 항균성 물질(Cytokine)에 의해 병원체를 처치하는 방법(세포성 면역 반응)과 이미 존재하는 체액 속에 갖고 있는 물질에 의해 미생물을 처치하는 방법(체액성 면역 반응)으로 나누어 생각할 수 있다. 선천성 면역 체계를 수행하는 세포는 여러 가지가 있는데(Dendritic cell, macrophage, neutrophil, NK cell, Mast cell), 이들이 감지하는 이물질은 미생물의 세포막을 이루는 단백질 지방으로 된(Lipopeptide) 복합 단백질, 자기 것과 다른 DNA, RNA 등이다. 우리 몸의 면역 세포에 존재하는 외부 세포막의 수용체 혹은 내부 막이나 세포질에 존재하는 수용체를 통해 이들을 감지하게 된다. 이 중에 잘 알려진 수용체는 toll like receptor(TLR)인데, 이는 인간의 경우 10개가 있는 것으로 알려져 있다. 이 수용체는 미생물의 표면을 이루는 물질 혹은 이중나선으로 된 RNA, 세포질 속의 DNA(정상 상태에선 DNA는 핵 속에만 존재함) 등을 감지하고 활

성화해 미생물을 효율적으로 잡아 처치한다. 이밖에도 세포 내에는 이물질을 감지하는 수용체들[Rig-1 like receptor(RLR), NOD like receptor(NLR)] 외에 다양한 이물질 수용체가 있어 미생물 유래 물질과 자기 자신의 파괴된 세포에서 유래한 물질을 감지한다. 병원체에서 유래한 물질을 PAMP(Pathogene Associated Molecular Pattern)라 하고 정상 세포가 파괴될 때 생기는 물질을 DAMP(Damage Associated Molecular Pattern)라 한다. 앞에서 말한 대로 선천성 면역세포는 침범하는 미생물의 처치를 위해 PAMP를 인식해 처치하는 역할을 한다. 선천성 면역세포는 손상된 조직을 보수하는 역할도 하는데, 이물질이 아닌 세포 자체에서 유래한 DAMP를 인식하는 것도 중요하다. 이제부터는 선천성 면역세포가 어떤 일들을 수행하고 있는지 좀 더 구체적으로 알아보려 한다. 우선 외부에서 미생물이 우리 몸에 침입하려면 경계를 이루고 있는 표피세포(피부, 호흡기, 위장벽 등)층을 통과해 들어가 감염해 문제를 일으킨다. 외부에 피부가 있고 내부에는 소화기 계통 벽, 호흡기 계통 벽, 비뇨기 · 생식기 계통 벽, 흉곽 내부 벽 등 상피세포로 된 벽이 외부와 경계를 이루고 있다. 이들은 기계적인 울타리 역할을 하는 것은 물론 여러 가지 분비물을 생산해내어 접근해오는 미생물이 벽 안으로 들어오는 것을 막기도 하고 여러 종류의 항생물질(Defensin 등)을 생산해 접근하는 미생물을 죽이기도 한다. 개구리 혹은 굼벵이 같은 생물도 유사한 기능이 발달되어 있어 썩어가는 퇴비 속에서도 하얀 껍질과 깨끗한 모습을 유지하고 있다. 개구리는 더러운 물속에서도 피부를 잘 유지하고 있다. 인간의 체내에서 가장 활발하게 활동하는 선천성 면역세포는 대식세포(Macrophage), NK cell,

Neutrophil이 중심을 이루고 있는데, 이들은 직접 만나는 미생물을 잡아먹거나 죽이는 역할을 한다. 이들 세포 표면에 있는 수용체가 침입하는 미생물을 인식하는데, 실은 미생물체에 Opsonin이란 물질이 코팅되어 있는 것을 가장 효과적으로 집어삼켜 처치하는 것이다. 가장 대표적인 Opsonin은 항체 및 활성화된 보체계에서 유래한 C3라는 단백질, MBL(Mannose Binding Lectin) 같은 단백질들이다. 이들은 침입해온 미생물체의 표면을 코팅하는데, 이렇게 코팅하는 과정을 Opsonization이라 한다. 일단 코팅이 되면 Macrophage, Neutrophil의 표면에 있는 각각의 특수한 수용체에 부착되어 이들 세포가 활성화됨으로써 이들 세포 속으로 용이하게 들어갈 수 있으며 활성화된 선천성 면역세포는 산화성이 강한 활성산소물질(Reactive oxygen species, 과산화수소, Superoxide 같은 강한 산화물질)를 만들어내어 집어삼킨 미생물을 죽이고 강한 단백질 분해 효소들을 생산해 세포 속에 들어온 미생물을 효과적으로 처치한다. 대식세포 같은 놈은 NO (Nitric Oxide) 같은 강한 질산화물질을 분비한다. 대식세포는 IL−1(Interleukin −1), TNF(Tumor Necrosis Factor), chemokine 같은 물질을 분비해 혈관 벽 세포의 성격을 변화시켜 백혈구나 혈장 속의 항생물질을 감염된 장소로 모이게 하며 감염에 의해 손상된 조직을 보수하는 데 필요한 물질을 분비하기도 한다. 때로는 Neutrophil의 경우 세포 속의 DNA를 뿜어내어 DNA와 함께하는 단백질로 된 실이 박테리아나 곰팡이를 둘러싸는 것은 물론 그 실과 복합체를 이루는 단백질 분해 효소(lysozyme) 및 항생물질이 침입해온 세균을 처치하는 극단적인 예도 있다. 이 과정에서 Neutrophil은 죽는데 이는 마치 자살 폭탄 테러를 감행하는 것과 흡사하다. 이 두 종류의 세포, 즉 대식세포(Macrophage)와 Neutrophil 외에 침입자를 집어삼키는(Phagocytosis) 일을 수행하는 아주 중요한 세포가 있는데 이것이 DC(Dendritic Cell)이다. 이 세포의 주 역할은 T cell을 활성화해 후천성 면역 반응을 유도하는 것인데, 이들의 구체적 기능에 관해서는 후에 후천성 면역 반응을 다룰 때 상세하게 설명하겠다. 한편 선천성 면역 반응에 중요한 세포는 Natural Killer cell(NK cell)이라는 백혈구인데, 이는 혈액과 비장(Spleen)에 존재하는 놈들로서 바이러스나 세균에 감염된 세포를 죽이고 암세포를 죽이는 데도 중요한 역할을 한다. NK cell이 타깃 세포를 인식하는 것은 세포 표면에 있는 수용체를 통해 이루어지는데, NK cell receptor는 크게 두 가지 부류로 나누어진다. 하나는 활성화 수용체(Activating receptor)이고 다른 하나는 반대의 기능을 갖는 저지성 수용체(Inhibitory receptor)이다. 활성화된 NK cell이 타깃 세포를 죽이는 것은 그 작용 기작이 후천성 면역 반응에서 CD8 T cell이 타깃 세포를 죽이는 것과 비슷하다. 즉 수용체를 통해 활성화 신호를 받아 활성화되면 두 종류의 단백질로 된 소립자를 만들어낸다. 하나는 Perforin으로 타깃 세포막에 구멍을 내는 역할을 하고, 다른 하나는 Granzyme으로 특수한 효소로 된 소립자이다. Granzyme은 Perforin이 만든 구멍을 통해 타깃 세포 속에 침투해 세포 속에서 Apoptosis를 유도해 타깃 세포를 죽임으로써 새로운 감염성 바이러스 혹은 박테리아의 원천을 없애버린다. 물론 이런 상황은 후천성 면역 반응이 유도되기 전에 주로 일어나는 것이지만 후천성 면역 반응이 유도된 후에도 NK cell은 계속 작동하며 암세포를 포함한 이상변화가 생긴 세포를 죽이기도 한다. NK cell은 다른 면역 반응에 관여하는 세포들과 함께 Cytokine에 의해 활성화 또는 저지되는데, NK cell을 활성화하는 Cytokine은 주로 대식세포나 DC가 분비하는 IL-15과 IL-12에 의해 수적인 확장이 이루어지고 활성화되며, Macrophage가 분비하는 IL-18과 감마 인터페론(Type I interferon) 역시 NK cell의 기능을 강화시켜준다. NK cell이 분비하는 감마 인터페론은 대식세포의 기능을 활성화한다. NK cell이 타깃 세포를 인식하는 수용체에 관한 이야기는 복잡하다. 그래서 잘 알려진 예를 들어 알아보려 한다. 일반적으로 NK cell이 타깃 세포를 죽이느냐 혹은 그대로 스쳐 지나가느냐는 세포 표면에 있는 다양한 리갠드(Ligand)를 통해 결정된다. 세포의 상태, 즉 감염된 세포 혹은 암세포 같은 이상상태의 세포를 NK cell 표면에 존재하는 수용체가 감지하고 분별해 앞에서 말한 필요한 조치가 취해지는 것이다. 일반적으로 수용체가 하는 일은 상호작용을 하는 리갠드와 결합할 때 세포 속에 생화학적 변화를 일으켜 세포 로 하여금 적절한 행동 혹은 특별한 인터페론 또는 다른 Cytokine을 분비해 반응하게 하는 것이다. 수용체는 앞서 말한 대로 여러 가지 PAMP, DAMP 같은 리갠드를 인식하는 수용체 TLR, RLR, NLR이 있는가 하면 각 종류의 Hormone, Cytokine, Chemokine, 대사물질 등과 상관하는 수용체가 있다. 수용체는 세포의 표면 혹은 세포 내부에 존재하며 상호작용하는 리갠드와 만날 때 리갠드가 전하고자 하는 정보를 특정한 수용체를 갖추고 있는 세포의 신호전달 체계를 통해 전달한다. 그러면 세포 내에 생화학적 변화가 일어나는데, 특정 유전자의 발현을 통해 앞에서 말한 Hormone, cytokine(인터페론, 인터루킨 등) 혹은

Chemokine 등 생산을 유도해 자기 자신이나 주위 세포에 영향을 주거나 전 구체를 활성화해 분비함으로써 이들을 통해 주위 세포 혹은 자신에 변화를 유도하는 것이다. 그 결과는 세포 분열로 이어질 수도 있고 세포의 죽음(Apoptosis 등), 새로운 Cytokine 혹은 Insulin 같은 Hormone의 분비, 면역세포의 활성화 및 저지로 이어질 수도 있다. 이처럼 모든 생명 현상에 관계되는 생화학적 반응은 수용체와 리갠드의 만남을 통해 전달되는 신호에 의해 조절되는 것이다. NK cell도 예외 없이 세포 표면에 있는 수용체를 통해 타깃 세포 표면에 나타난 이상징후 혹은 정상 상태를 나타내는 Ligand와 결합해 신호 전달 체계를 통해 상응하는 세포 속에 신호가 전달됨으로써 상황에 합당한 반응을 하게 되는 것이다. 앞에서 말한 대로 NK cell은 여러 개의 활성화 수용체 및 활성 억제 수용체를 갖고 있다. 각각 잘 알려진 예를 들면 활성화에 참여하는 수용체들은 제6장에서 말했던 수용체(NKG2D: Natural Killer Cell Group 2 Receptor D)이다. 이들 수용체는 감염된 세포나 암세포의 표면에 나타나는 리갠드(MIC-A, MIC-B)와 만날 때 활성화되어 Perforin, Granzyme 같은 물질을 분비해 타깃 세포를 죽이는 효과로 이어지고 유전인자의 발현을 일으킴으로써 인터페론 감마 같은 Cytokine을 생산해내도록 해 NK cell의 방어 기능이 작동되는 것이다. 활성 억제 수용체(KIR: Killer Cell Immunoglobulin-like Receptor)군은 MHC I(Major Histocompatibility Complex I, or Class I major histocompatibility complex molecule)을 리갠드로 인식하는 수용체이다. MHC I은 나중에 더 자세하게 말하겠지만 우리 몸의 모든 건전한 유핵세포의 표면에 존재하는 분자로 NK cell이 바로 이를 통해 공격하지 말아야 할 정상 세포를 알아보는 것이다. MHC I은 면역 반응에서 재미있는 역할을 하는 놈인데, 세포 안에서 일어나는 정상적인 혹은 비정상적인 형편을 외부에 알리는 역할을 한다. 세포에 암이 발생하든지 바이러스가 감염되어 세포 내에서 수상한 단백질이 만들어지면 이 수상한 단백질을 적당한 크기로 잘라 MHC I 분자에 실어 외부에 나타낸다. 쉽게 말하면 세포가 내 안에 수상한 일이 벌어지고 있다고 외부에 알리는 광고판 역할을 하는 것이다. 그래서 특정 T 임파구(CD8 T cell)가 이를 알아보고 그 세포를 잡아 처치하기도 한다. 실은 세포 내 정상 단백질도 MHC I 분자를 통해 외부에 나타난다. 그러나 정상인 자기 단백질을 표시하는 세포는 T 임파구가 공격하지 않는다. 물론 NK cell도 비슷한 방법으로 정상 세포를 알아보고 공격 대상에서 제외한다. 이와 같이 T 임파구가 이물질을 표시하는 MHC I 분자를 구별하는 것은 교육 과정을 거쳐 일어나는 것인데 이는 후천성 면역 반응에 속한다. 그런데 주목할 만한 것은 선천성 면역 반응에 관여하는 대식세포나 NK cell 같은 선천성 면역 반응의 주역들도 후천성 면역 반응에서 똑같이 특정 이물질에 노출되면 이를 기억했다가 나중에 똑같은 상황을 만나게 되면 좀 더 효과적으로 대처한다는 사실 이다. 이런 발견은 획기적인 일이다. 앞으로 NK cell 같은 선천성 면역세포를 훈련시켜 암이나 바이러스 감염 치료에 활용할 수 있기에 크게 기대되는 발견이다. NK cell, 대식세포 백신이 감염성 질환이나 암 예방을 위해 개발될 것이 예견 된다. 선천성 면역 반응을 간략하고 쉽게 말하면 박테리아 혹은 바이러스가 피부나 상처를 통해 혹은 외부에 노출된 호흡기 · 소화기 계통을 통해 우리 몸에 들어올 때 우선 피부 혹은 상피세포(Epithelial cell)층에서 몇 가지 기계적 방법 또는 이들 세포가 분비하는 물질이 방어 역할을 하며, 이들을 극복하고 들어온 놈들은 Macrophage나 다른 식세포(Neutrophil)들에 의해 먹혀 처치된다. 그리고 이들 선천성 면역세포는 Chemokine 같은 화학물질을 생산해 선천성 방어에 관련된 세포들을 침입된 장소에 끌어들이는가 하면, 선천성 면역에 관여하는 NK cell(Natural killer cell)을 활성화해 바이러스에 감염된 세포를 죽이기도 하며, Interferon(Cytokine의 일종임) 같은 항바이러스성 물질을 생산해 침범해온 바이러스 등을 처치하는 역할도 한다. 그리고 이 외에도 혈액 속에는 다른 여러 가지 항균성 펩티드가 있어 바이러스 및 박테리아를 처치하는 역할을 한다. 또한 대표적인 보체계(Complement system)라는 여러 개의 단백질로 되어 있는 1차(선천성) 방어 체계를 혈액 속에 갖고 있는데, 이것이 박테리아나 바이러스의 일부에 의해 활성화되면 보체계의 단백질이 박테리아 혹은 바이러스 표면에 코팅되어 대식세포로 하여금 용이하게 집어삼키도록 함으로써 혈액 속의 박테리아나 바이러스를 처치한다. 한편 또 다른 활성화된 보체계 단백질은 박테리아의 세포 외벽에 조립해 세포막에 구멍을 내게 함으로써 박테리아를 죽이는 역할을 한다. 선천성 면역 반응의 또 다른 중요한 역할은 후천성 면역 반응을 유도하는 것이다. 후천성 면역 반응은 크게 B cell을 통해 이물질에 대한 항체를 형성하는 체액성 면역 반응과, MHC I이 수상한 물질(바이러스 유래 또는 암과 관련된 이물질)을 세포 외부에 알리면 T cell이 잡아 죽이는 세포성 면역 반응으로 구분된다. 후 천성 면역 반응의 특징은 특정 이물질에 대한 정확한 인식을 통해 진행되는 면 역 반응이라는 점이다. 이물질을 알아보는 T 임파구(CD8 T cell) 혹은 B 임파구가 독특한 이물질과 만날 때 활발한 세포 분열이 일어나 대폭 확장되는데, T 임파구는 세포 자체가 이물질을 품고 있는 세포를 죽여 처치하고 B 임파구는 이물질에 대한 특수한 항체를 대량 생산해 이 항체를 통해 방어한다. 여기서 T 임파구 혹은 B 임파구 중에 독특한 이물질을 인식하는 세포군이 따로 있다는 것을 암시했는데 사실 그렇다. B 임파구는 우리 몸속의 100만 개 이상의 다른 종류의 이물질을 구별 · 인식할 수 있는 세포들의 집단으로 되어 있고 T 임파구 역시 다양한 세포군의 집단이다. 세포들이 이물질을 인식하는 것도 수용체를 통해서인데, B 임파구 표면에 있는 수용체를 B cell receptor(BCR)라 하고 T 임파구 표면의 것을 T cell receptor(TCR)라 한다. 후천성 면역 반응은 수용체가 침입하는 미생물이나 이물질을 만날 때 일어나는 독특한 반응일 뿐 아니라 똑같은 물질에 대한 면역 반응을 기억함으로써 추후에 그 물질이 들어오면 더 강하고 신속하게 면역 반응을 유발하는 것이 가장 중요한 특성이다. 후천성 면역 반응은 1주일 정도 걸리지만 대단히 효과적인 강력한 방어 수단이다. 그럼 어떻게 해서 후천성 면역 반응이 유도되는지 그 과정을 살펴보자. 앞에서 언급한 두 가지 대표적인 세포 외에 다른 세포들이 후천성 면역 반응에 참여하고 있다. 특히 T cell은 이들을 통해서만 항원(이물질)을 인식한다. 이런 역할을 하는 세포를 Antigen presenting cell(APC: 항원 제시 세포)이라 한다. 전문적으로 이런 일을 수행하는 대표적인 놈이 Dendritic cell(DC)이며 이 외에도 Macrophage, B cell 등이 있다. 이들의 역할은 외부에서 들어온 이물질 혹은 미생물에서 유래한 단 백질을 세포 속에 들여와 적당한 크기로 소화해 MHC II 분자에 실어 세포 표면에 표시해주는 것인데 이때 T cell이 이를 인식하게 된다. 실제로 후천성 면역 반응을 담당하는 T cell은 면역 반응을 유발하는 이물질을 직접 상관하지 않고 APC가 제시하는 물질만을 인식한다. MHC II 분자는 MHC I과 달리 모든 세포 표면에 나타나 있지 않고 항원 제시 세포 표면에만 존재한다. 이 이물질을 항원(Antigen)이라 하는데 APC의 역할은 항원을 세포 속에 들여와 단백질 분해 효소로 분해해 아미노산 10~25개로 된 펩티드를 MHC II에 실어 T cell에 제시하는 것이다. 10~25개의 펩티드로 된 항원 일부, 즉 T 임파구 혹은 B 임파구가 인식하는 부위를 Epitope(Determinant)라 한다. B cell 역시 항원을 전부 인식해 항체를 만드는 것이 아니라 항원의 일부(Epitope)를 인식하고 그에 대한 항체를 만드는 것이다. Epitope는 펩티드나 조그만 화학 분자 또는 탄수화물일 수도 있다. 그러나 후자의 경우를 Hapten이라 한다. T cell, B cell 모두 Epitope를 인식하는 것은 이들 세포 표면에 있는 수용체에 의해서다. 수용체는 항원과 만날 때 세포 속의 신호 전달 체계를 활성화해 면역 반응을 유도하는 모든 생화학적 반응을 일으키는 것이다. 체액성 면역 반응에서 B cell이 항원을 인식하는 것은 B 임파구 표면에 있는 B cell receptor(BCR)에 의해서다. 이는 항원과 만나는 세포막에 박혀 있는 IgM 분자와 신호 전달에 관여하는 분자들이 모여 이루어졌다. IgM은 항체의 한 종류인데 우리가 흔히 말하는 항체는 IgG(Immunoglobulin G)이고 소화기 및 호흡기 계통의 점막에 있는 IgA와 알레르기 반응에 관여하는 IgE가 있다. 이들 분자의 차이점은 항체를 이루는 두 개의 단백질 가닥 중 무거운 가닥(Heavy chain)이 어떤 것이냐에 의해 결정된다. 큰 가닥이 α(알파)면 IgA, γ(감마)면 IgG, ε(엡실론)이면 IgE, μ(뮤)이면 IgM이다. 그런데 B 임파구 세포 표면 세포막에 박혀 있는 IgM은 좀 과장해서 말하면 우리가 알고 있는 항체처럼 이 세상 모든 생물학적 물질과 만나 결합할 수 있다. 이 말은 IgM, 즉 B 임파구 수용체(BCR)의 다양성에 제한이 없다는 의미이다. 그렇다고 하나의 B 임파구가 모든 다양성을 갖고 있다는 말은 아니고 B 임파구가 각각 다른 특성을 갖는 세포의 모임이라는 말이다. 같은 특성을 갖는 세포를 Clone이라 하는데 Clone A는 물질 A를 인식하는 BCR을 갖는 세포들이다. 즉 B 임파구 Clone A는 Epitope A만을 인식하는 세포의 모임인 것이다. 이 시점에서 한 가지 짚고 넘어갈 것은 단일 클론 항체(Monoclonal Antibody, mAb)는 바로 특정 에피토프만을 인식하는 항체를 생산하는 클론을 대량으로 길러 이로부터 생산한 항체를 뜻한다는 것이다. 이에 제약회사는 암 치료 등의 목적으로 특정 타깃을 인식하는 항체를 대량 생산해 제품 개발에 활용하고 있다. 또 mAb는 진단 시약 개발 혹은 연구용으로 광범위하게 사용되고 있다. 본론으로 돌아가 BCR에서 에피토프를 알아보는 것은 IgM이 하는 일이며 이 항원 Epitope는 앞에서 말한 대로 항원이 단백질인 경우 10~25개의 아미노산으로 된 펩티드이거나, 탄수화물이나 지방처럼 작은 단위 분자의 반복으로 이루어진 고분자의 반복되는 단위 구조물(펩티드 외의 화학물질은 Hapten)이다. 따라서 B 임파구를 크게 두 종류로 구분하기도 한다. B1 B 임파구는 주로 탄수화물, 지방 같은 항원을 인식하고 단백질 항원은 B2 B 임파구가 인식한다. 우리가 보통 말할 때 B 임파 구 하면 실은 B2 B임파구를 말하는 것이다. 여하튼 앞에서 말한 대로 특정 Epitope를 인식하는 BCR을 갖는 B 임파구 모임을 단일 Clone이라 하는데, 단일 클론에 속하는 세포의 수는 항원과 만나지 않은 상태에선 수백 내지 수십만 개 미만이다. 그러나 항원, 즉 Epitope와 만나면 그 특정 BCR을 갖고 있는 B 임파구 클론이 활성화되어 세포 수가 수백, 수천 배로 늘어난다. 그러나 한 바이러스나 특수 박테리아에서 유래한 항원은 여러 개의 다양한 Epitope를 갖고 있기 때문에 실제로는 단일 클론 항체가 만들어지지 않고 다수 클론 항체(Polyclonal antibody)가 생산된다. 또 한 가지 알아둘 것은 BCR의 다양성은 개개인마다 타고나는데, 개체의 발생 과정에서 형성된다는 점이다. 개개인이 갖고 있는 다양성을 BCR repertoire라 하는데, 이는 개개인의 특성일 수도 있고 사람과 쥐가 다르다. BCR 레퍼토리의 크기에 따라 생산하는 항체의 다양성이 결정된다고도 말할 수 있다. 활성화되어 불어난 B cell은 혈액 속에 들어가 순환하며 항체를 생산하는데 이를 Plasma cell이라 한다. 여기서 특별한 항원을 경험하지 못한 처녀(Naïve) B 임파구가 항원을 만나 활성화되어 Plasma cell로 되는 과정을 면역 반응이라 하는데, 면역 반응의 시작은 처녀 B 임파구가 항원과 만나는 것이다. 항원은 세균, 바이러스 혹은 독성 단백질 등 자기 몸의 일부가 아니라 외부에서 들어온 물질로, 제2차 임파 조직(임파선, 비장 혹은 점막 임파 조직)에서 B 임파구와 만나 면역 반응이 시작된다. 항원의 크기에 따라 직접 임파 조직에 들어가든지 대식세포나 앞에서 말한 DC(Dendritic Cell)의 도움을 받아 임파 조 직에 들어간다. 그러나 뒤에 이야기할 T 임파구와 달리 B 임파구는 B 임파 구 수용체(BCR)가 항원 전체의 일부로 있는 Epitope를 만나 달라붙게 될 때 활성화가 시작되는 것이다. 그러나 BCR-epitope가 발하는 신호 외에 앞에서 말한 TLR(Toll Like Receptor) 같은 수용체가 항원과 만나 발하는 2차 신호가 면역 반응의 강도나 성격 등을 결정하는 데 중요하다. 결정적인 도움은 T 조력세포(T helper cell, Th cell, 이에 관해선 후에 더 자세히 이야기하겠다)의 것이다. B 임파구가 BCR에 잡힌 항원을 세포 속으로 들여와 단백질 분해 효소로 이를 분해한 후 펩티드 조각(Epitope)을 MHC II에 실어 세포 표면에 나타내면 T helper cell(CD4 T cell의 한 종류)의 수용체가 이를 인식해 두 세포(B 임파구, T helper cell)가 Ligand(MHC II-항원)-수용체 결합으로 부착되는데 이렇게 되면 서로가 활성화된다. T helper cell은 활성화되면 독특한 Interleukin과 Cytokine을 분비해 B 임파구가 어떤 성격의 면역 반응을 일으킬 것인지 안내하고 세포 증식을 돕는다. 예를 들면 활성화된 T helper cell이 분비하는 IL-2(Interleukin 2)는 B 임파구와 T 임파구의 증식과 분화에 필요한 인자이다. 예를 들어 항원의 성격에 따라 T helper cell이 인터페론 감마를 분비하면 B 임파구가 IgG를 생산하도록 한다. 활성화된 처녀 B 임파구는 활발하게 증식해 1주일 정도 지나면 5,000배 정도로 늘어나고 항체는 매일 1조개의 분자를 생산할 수 있다. 그러나 B 임파구가 최종 항체를 생산하기까지는 두 단계의 변화(분화)를 더 거쳐야 하는데, 이 과정에서도 Th cell이 생산하는 Interleukin과 Cytokine이 주 역할을 한다. 그리고 전적으로 항원의 성격에 따라 어떤 종류의 Interleukin과 Cytokine이 분비되느냐가 결정됨으로써 면역 반응의 성격이 결정된다. 즉 처녀 B 임파구가 IgG를 생산하는 세포로 되느냐, 혹은 IgA, IgE 등을 분비하는 세포로 되느냐 하는 것이 결정된다. 여하튼 처녀 B 임파구가 활성화되어 앞에서 말한 2단계를 거쳐 최종 항체를 생산하는 세포로 분화되는데 그 첫 단계가 등형 전환(Isotype switching)이라는 과정이다. 이는 앞에서 항체는 길고 짧은 두 가닥의 단백질로 되어 있어 긴 가닥이 어떤 것이냐에 따라 항체의 종류를 결정한다고 말했는데, 처녀 B 임파구가 항원에 의해 활성화되면 표면 항체와 함께 분비되는 항체는 IgM이다. 그래서 μ를 갖는데 γ로 전환되면 IgG가 되고 α로 전환되면 IgA를 생산 하는 세포로 되는 것이다. 이렇게 전환되는 복잡한 과정은 말할 필요가 없으나 T helper cell이 분비하는 Cytokine, Interleukin이 어떤 것이냐가 중요한 역할을 한다는 것은 알아둘 필요가 있다. 예를 들어 인터페론 감마가 생산되면 IgG로 전환되고 IL−4(Interleukin−4)가 존재하는 여건에선 IgE를 생산하는 세포로 분화되는 것이다. 다음 과정은 친화력 성숙(Affinity maturation)인데, 이는 분비하는 항체가 항원에 강하게 붙을 수 있도록 하는 과정이다. 친화력 강도를 표시할 때는 용액 속의 항원의 절반을 잡는 데 필요한 항체의 최소 농도로 표시하는데, 친화력이 강할수록 항원을 잡는 데 필요한 항체의 농도가 낮아지게 된다. 쉽게 말하면 항체의 친화력이 강해지면 강해질수록 항원(박테리아, 바이러스 등)에 더 효과적으로 부착할 수 있어 방어력이 증강되는 것이다. 친화력 성숙은 역시 임파구(Lymph node) 같은 2차 면역기관에서 일어난다. 항원과 붙는 항체 분자의 부위를 결정하는 유전자 부위에 돌연변이를 유발해 항원과 친화력이 강한 항체를 생산하는 B 임파구만 선별적으로 살아남게 하는 환경을 조성함으로써 결국 친화력이 강한 항체를 생산하는 B 임파구가 탄생한다. 이 과정에서도 T helper cell의 도움이 중요하다. 예를 들어 항원과 붙는 항체의 부위를 결정하는 유전자(DNA) 부위의 돌연변이 빈도가 무려 1,000배나 높게 일어나는 여건을 T helper cell과 B 임파구가 협동으로 조성한다. 이런 여러 과정을 거쳐 결국 항체를 생산하는 Plasma cell로 되는데, 이들 중 오래 사는 놈은 골수로 이전해 여러 해 동안 살며 항체를 생산한다. 그리고 일부는 기억 B 임파구(Memory B cell)로 분화되어 오랫동안 살아있다가 나중에 똑같은 항원이 체내로 들어오면 처음보다 강하고 신속한 면역 반응을 일으킨다. 이것이 바로 면역 반응의 특징이다. 이런 면역 반응의 성격을 활용한 것이 예방 백신이다. 다시 말하면 예방 백신이란 병원체의 일부 또는 전체(항원)를 우리 몸에 투입해 면역세포를 경험시켜 기억세포를 형성하도록 함으로써 나중에 똑같은 병원체가 들어오면 강력하고 신속하게 대응하도록 하는 것이다. 한 가지 더 이야기하자면 앞에서 말한 대로 항원이 다당체나 지방처럼 T 임파구와 상관없이 B1 B 임파구에 의해 항체가 생산되는 면역 반응에서는 기억세포가 형성되지 않는 것은 물론, 앞에서 말한 항체의 친화력 성숙 반응이나 생산하는 항체의 등형 전환 같은 반응이 일어나지 않아 B1 B 임파구에 의한 면역 반응은 약하고 일시적이라는 점이다. 우리가 잘 아는 대로 초기에 개발된 폐렴 백신에서는 폐렴균의 세포 외피막 다당류를 항원으로 사용했기 때문에 매년 폐렴이 유행하기 전에 예방 백신 주사를 맞아야 했다. 그러나 최근에는 다당체를 단백질에 붙여 T 임파구 의존성 항원으로 전환해 소위 말하는 단백질 접합(Protein conjugated) 항원을 만들기 때문에 한두 번 예방 백신 주사를 맞으면 오랫동안 방어 효과가 있다. 여하튼 Plasma cell에서 생산된 항체는 적어도 세 가지 기능이 있다. 들어온 병원체를 중화해 바이러스인 경우 재감염을 못하게 하고, 항체가 병원체에 부착해 대식세포가 쉽게 집어삼킬 수 있게 하며, 보체계를 활성화해 처치하든가 항체가 중재하는 감염된 세포를 죽이는 역할을 수행한다. 그리고 등형 항체(Ig isotype)들 간에는 독특한 기능을 갖고 있다. 2차 면역기관에서 생산된 항체는 주로 혈액 속에서 기능을 수행하나 IgA 같은 등형은 혈액에서 새어나와 장 속에서나 호흡기관 내에서 방어 역할을 수행한다. 그래서 IgA를 분비형 항체라고도 한다. 그리고 IgE는 특별한 기생충의 퇴치에 관여하고 있으며 우리가 잘 아는 알러지 반응에 주 역할을 한다. 또한 알아야 할 사실은 이런 면역 반응은 병원체가 처치되면 바로 일상으로 되돌아가는데, 이에 대부분의 세포는 죽어나가고 골수에 남아 있는 일부 Plasma cell과 기억세포만 오래 살아남게 된다는 점이다. 세포성 면역 반응에서 T 임파구는 B 임파구와 달리 항체를 생산하는 세포는 아니며 크게 두 그룹으로 나누어진다. 세포성 면역의 주역인 CD8 T cell과, 면역 반응에서 조절 역할을 담당하는 Regulatory T cell (CD4 T cell)이다. 여기에서 CD는 Cluster of differentiation의 약자인데, 세포 표면에 존재하는 분화 마커(Marker)로서 다양한 임파구를 구별하는 데 사용되는 세포 표면 마커이다. 무슨 말이냐 하면 예를 들어 기능이 다른 다양한 백혈구가 골수에 자리잡고 있는 간세포로부터 만들어져 기능이 다른 세포들로 분화되는데, 이들 분화된 세포들은 세포 표면에 독특한 마커를 갖고 있다는 것이다. 면역학을 연구하는 학자들은 이런 다양한 마커를 통해 구별해 특수 기능을 소유하는 면역세포를 분리함으로써 그 세포의 독특한 기능이 무엇인지 연구한다. 완전히 분화한 CD8 T cell은 기능상 감염된 세포나 암세포를 처치하는 일을 하므로 일반적으로 Cytotoxic T Lymphocyte(CTL)라 불린다. 이는 혈액 혹은 조직 속에 돌아다니며 바이러스에 감염된 세포나 암세포 같은 수상한 세포를 발견하면 세포를 녹여(Lysis) 죽이는 역할을 하는 면역세포로서 세포성 면역 반응을 수행한다. CTL이 타깃 세포를 인식하는 것은 세포 표면에 존재하는 수용체를 통해 이루어진다. T cell 표면에 있는 수용체를 T Cell Receptor(TCR)라 한다. 이는 세포 표면의 수상한 항원(병원체의 일부)을 인식하는데, 반드시 MHC I (major histocompatibility complex molecule I)에 의해 세포 표면에 제시된 항원의 일부(Epitope)만을 인식하는 것이다. 물론 항원 자체만 존재하는 상태에선 항원을 인식하지 못한다. MHC molecule은 두 개의 다른 Class로 구분되는데 MHC class I과 MHC class II이다. 앞에서 말한 대로 MHC I은 우리 체내에서 세포핵을 갖는 모든 세포에 존재하며 세포 속에 있는 단백질을 세포 표면에 전시하는 역할을 한다. 예를 들어 세포 속에서 바이러스가 자라 바이러스 단백질이 만들어지거나 암세포 속에서 변화된 단백질이 만들어지면 이들이 MHC I 분자에 의해 세포 표면에 표시되고 CTL은 이런 세포들을 인식해 처치하는 것이다. 물론 CTL은 세포 표면의 TCR을 통해 타깃 세포의 표면에 있는 MHC class I molecule에 의해 제시된 항원 유래 Epitope를 인식한다. TCR 역시 BCR처럼 다양한 Epitope를 인식하는 레퍼토리를 각 개인이 소유하고 있다. 그러나 BCR처럼 광범위하지는 않다. T cell이 인식하는 Epitope를 T cell epitope라 하는데, 이들은 아미노산 8~20개 미만으로 된 펩티드이다. BCR처럼 탄수화물, 지방,

핵산 같은 항원은 인식하지 못한다. 오로지 펩티드만 인식한다. 그리고 TCR 레퍼토리도 같은 Epitope를 인식하는 수백, 수천 개의 똑같은 세포(Clone)군이 모여 이루어진 것인데, 처녀 T 임파구, 즉 아직 항원을 경험하지 못한 세포가 항원(Epitope)을 접하게 되면 B 임파구처럼 수백, 수천 배로 증폭되어 CTL이 된다. 그리고 B cell과는 달리 항원 전체를 직접 인식하지는 못하고 항원이 항원 제시 세포(APC; Dendritic cell, Macrophage, B cell 등)에 의해 세포 속으로 들어가 특별한 단백질 분해 효소에 의해 분해되어 Epitope 크기의 펩티드로 잘려진 후 이 펩티드 조각을 이번에는 MHC class II molecule에 실려 APC 세포 표면에 제시되는데 바로 그 놈들만 인식하게 된다. 이때 두 개의 세포가 항원 제시 세포 표면 MHC II+epitope−TCR−T 임파구를 통해 서로 연결되고 처녀 T cell이 활성화되어 증폭되는데, 이때도 MHC II+epitope−TCR을 통한 신호 외에 최소 하나 이상의 신호가 더 필요하다. 이를 co−Stimulatory signal이라 한다. APC의 세포 표면에 존재하는 B7−1(CD 80)과 B7−2(CD 86)가 대표적인 것인데, 이들과 상호작용하는 T cell에 있는 수용체는 CD 28이다. 이들이 서로 만나면 T cell이 활성화되어 세포가 대량 증폭하고 활발한 세포성 면역 반응이 유도된다. 그리고 이때도 B 임파구의 활성화에서와 같이 CD4 T cell이 항원 제시 세포와 만나는데 항원 제시세포의 분비물(Cytokine)에 따라 세포성 면역 반응의 강도가 결정된다. 일반적으로 면역 반응에는 명암이 있다. 본래의 목적대로 강한 면역 반응을 일으켜 병원체를 처치하는 것이 꼭 필요하지만 필요 이상으로 지속되면 부작용을 일으킨다. 예를 들어 강한 면역 반응 여건 하에서는 자가 면역 반응을 유발할 수 있어 병원체를 처치한 후에는 곧바로 하향 조절해 정상으로 돌아가야 한다. 따라서 후천성 면역 반응에서는 자가면역질환(Autoimmune disease) 같은 문제를 일으킬 위험성이 있고 선천성 면역 반응에서는 아주 심한 염증 반응이 유발될 가능성이 있다. 이런 이유로 세포성 면역 반응에서는 이를 예방하기 위한 여러 가지 방법이 있는데, 대표적으로 CTLA-4(Cytotoxic T Lymphocyte Antigen-4)라는 수용체와 PD-1(Programmed cell Death 1) 수용체를 통해 이루어진다. CTLA-4는 앞에서 말한 항원 제시 세포 표면에 있는 B7 ligand를 인지해 결합할 경우 CD 28와 결합할 때와 반대로 T cell의 활성을 저지해 면역 반응을 하향 조절하는 역할을 한다. PD-1 수용체도 항원 제시 세포와 다른 조직 세포 표면에 있는 PD-L1과 항원 제시 세포 표면에만 존재하는 PD-L2가 만날 때 면역 반응을 하향 조절하는 역할을 한다. 1차 신호, 즉 항원의 Epitope에 대응하는 면역 반응을 필요 이상으로 일어나지 못하게 조절하는 역할을 수행한다. 이는 면역 반응에 있어 아주 중요한 한 가지 현상이다. 만일 APC가 T cell에 제시한 항원이 자기 자신에게서 유래한 단백질인 경우 이에 대한 면역 반응을 유발한다면 면역 체계가 자기 자신을 공격 파괴하는 현상이 일어날 것이다. 이것이 바로 자가면역질환인데, 실제로 이런 자가면역질환에 의해 관절염 혹은 후천성 당뇨병 등이 유발된다. 그래서 정상적인 경우에는 APC는 항원을 제시하는 역할 외에 다른 중요한 기능이 또 하나 있다. 항원의 성격을 감지해 외부에서 들어온 항원의 생화학적 성격에 따라 그에 적절한 반응을 일으키는 것이다. 즉 다른 종류의 Cytokine을 분비하든지 자신의 표면에 변화를 일으켜 B7 표시를 감소시키거나 T cell 표면에 CTLA-4가 나타나는 것을 상향 조절함으로써 면역 반응을 하향 조절하는 것이다. 항원 제시 세포의 병원체 감지 기능은 APC의 세포 표면 및 내부에 존재하는 수용체에 의해 수행되는데, 잘 알려진 대표적인 것이 TLR(Toll Like Receptor)이다. TLR은 인간의 경우 10여종(TLR 1, TLR 2 등)이 알려져 있다. 이들은 박테리아의 세포막에 존재하는 특유의 Lipopeptide, 이중나선으로 된 RNA, 박테리아나 바이러스에서 유래한 핵산을 인식한다. 다시 말하면 APC가 전에 보지 못한 수상한 분자를 인식하는 것이다. 이밖에도 몇 가지 다른 내부 수용체가 알려져 있는데 이들의 역할은 모두 바이러스 등에서 만들어진 세포 내부의 수상한 물질을 감지해 APC 자신이 활성화되어 T cell, B cell에 영향을 주는 Cytokine을 생산해내든지 자신의 세포 표면에 존재하는 MHC Molecule이나 CD40 같은 것들의 증가를 가져옴으로써 효과적인 면역 반응을 유도한다. 그리고 생산되는 Cytokine을 통해 면역 반응의 성격과 강도를 조절한다. T cell은 그가 수행하는 기능에 따라 CD4 T cell과 CD8 T cell로 구별되는데, 세포 표면에 있는 CD 분자의 차이가 있을 뿐 아니라 이 두 세포가 면역 반응에 완전히 다른 기능을 갖도록 한다. CD8 T cell은 세포성 면역 반응의 작동자 역할을 한다. 이에 반해 CD4 T cell은 면역 반응의 여러 가지 양태를 조절하는 기능을 담당하고 있으나 수상한 세포를 직접 잡아죽이는 역할은 하지는 않는다. 그래서 CD4 T cell은 분비하는 Cytokine의 종류와 감당하는 면역 조절의 역할에 따라 다양하게 분류된다. 가장 잘 알려진 놈이 T helper cell인데 TH로 표시하고 이는 다시 TH1, TH2, TH17 등으로 분류된다. TH1은 인터페론 감마를 분비해 바이러스나 암세포의 처치에 유리한 쪽으로 면역 반응을 유도하며 IgG(Immunoglobulin G) 생산을 이끌어 우리가 보통 말하는 항체 생성을 촉진한다. TH2는 IL-4, IL-5, IL-10, IL-13을 생산함으로써 면역 반응을 IgE(Immunoglobulin E) 생산 쪽으로 이끌어간다. 이는 기생충의 방어에 유리한 면역 반응이지만 알러지 반응을 일으키는 문제가 있어 IgE의 과다 분비는 바람직하지 못하다. 다른 특별한 기능을 갖는 CD4 T cell이 있다. 이는 주로 면역 반응을 하향 조절하는 역할을 한다. 외부에서 병원체가 침입했을 때 신속하고 강한 면역 반응이 유도되는 것은 우리 몸의 방어에 아주 중요하지만 일단 병원체가 처치되고 나면 평상 상태로 복귀되는 게 우리 건강에 아주 중요한 일이다. 이 역할을 하는 놈이 Treg(Regulatory T cell)이다(아래 참조). 이와 관련해 한 가지 덧붙여 말할 것이 있다. 면역 반응에 있어 과다 반응을 방지하기 위해 CTLA-4, PD-1 같은 수용체의 역할이 몸을 온전하게 보존하는 데 대단히 중요하다. 하지만 암을 치료하는 의사에게는 때로는 이들이 성가실 수도 있다. 왜냐하면 암을 치료하려면 암세포를 공격하는 강한 CD8 T cell(세포성 면역의 주역)이 계속 활성을 유지해야 하는데, CTLA-4, PD-1이 제 역할들을 하느라 CD8-T cell을 무력화해 암이 완전히 퇴치되기도 전에 면역력이 쇠퇴하게 만들기 때문이다. 이에 제약회사는 CTLA-4, PD-1과 이의 라이갠드인 PD-L1에 대한 단일 클론 항체(mAb)를 대량 생산해 암 치료제로 개발함으로써 이런 사태를 막아(block) 암 치료 효과를 보고 있다. 이런 암 치 료법을 Immune checkpoint blockade therapy라 하는데 최근 암 치료법으로 각광받고 있다. 면역 체계의 주된 역할은 몸 전체를 온전하게 유지하는 것도 중요하지만 몸을 이루는 조직을 온전하게 보존하는 것이다. 외부에서 미생물이 침입할 때는 즉시 처치해야 하며 외부의 충격으로 인한 손상을 감지하고 보수해야 한다. 또한 세포 내에서 비정상적인 일이 일어날 때는 즉시 감지해야 하고 필요하면 세포를 자살하도록 유도해야 한다. 이런 일들은 주로 선천성 면역 체계가 감당하는데 그러지 못할 때는 후천성 면역 체계를 동원하게 된다. 후천성 면역 체계의 동원은 선천성 면역 체계에 관여하는 세포로부터 전달해오는 신호에 의해 이루어진다. 선천성 면역 체계를 이루는 세포 또는 조직세포에서 일어나는 일차적 반응은 염증(Inflammation)이다. 이제 끝으로 염증 반응이 어떻게 일어나는지 알아보고 마무리하려고 한다. 염증 반응은 이상현상을 직면한 세포에 Cytokine이 분비되어 반응을 일으키는 것을 말한다. 특정 Cytokine이 여러 가지 선천성 면역 반응에 관여하는 세포들을 끌어 모으고 활성화하는 역할을 맡는다. 대표적인 Cytokine은 TNF(Tumor Necrosis Factor), IL-6, IL-1beta와 IL-18, 그리고 여러 종류의 Chemokine 등이다. Chemokine은 상처 혹은 감염된 조직세포가 생산하는 물질인데, 혈액 속의 백혈구를 문제가 생긴 곳에 모으는 길잡이 역할을 한다. 다른 놈들은 문제가 생긴 곳의 혈관 벽을 변화시켜 혈장(항생물질, 상처치료물질) 및 백혈구(Neutrophil, NK cell, 대식세포)들이 문제가 생긴 곳으로 이동 및 활성화를 돕는 역할을 한다. 그런데 염증 반응은 세포 안으로 침범해 들어오는 바이러스를 포함한 미생물 특유의 물질(PAMP)을 감지하는 수용체와, 세포 자체가 손상을 입었을 때 발생하는 여러 가지 물질(DAMP)을 감지하는 수용체가 비정상적인 물질을 만날 때 여러 개의 관련된 분자를 모아 Inflammasome이라는 단백질 복합체를 형성하는 것에서부터 시작된다. 이때 염증 반응을 주도하는 Caspase라는 단백질 분해 효소 전구체가 활성화되어 활성 Inflammasome으로 변환됨으로써 염증 반응이 시작된다. 포유동물에는 10개 이상의 다른 기능을 갖는 Caspase가 있는 것으로 알려져 있다. 이들을 그 기능에 따라 염증 반응을 일으키는 Inflammatory caspase와, 세포의 자살을 유도하는 Apoptotic(Pyroptic) caspase로 나누기도 하는데 기능이 중복되는 경우가 많다. Inflammatory caspase는 대부분이 Inflammasome의 활성화에 참여해 염증 반응을 일으킨다. 그리고 앞에서 말한 여러 가지 이상현상을 감지하는 수용체의 종류에 따라 최소한 5종의 보편적인 Caspase 1 inflammasome이 잘 알려져 있다. 인간에게는 Inflammatory caspase에 Caspase 1, −4, −5, −12가 있다. 일단 Inflammasome 형성이 이루어져 활성화되면 앞에서 말한 5종이 모두 염증 반응과 Apoptosis를 일으키게 하는 것이다. 그럼 무엇 때문에 선천성 면역 체계가 이런 복잡한 과정을 거쳐 염증 반응을 일으키는 것일까? 이는 미생물의 감염을 퇴치하고 조직세포에 손상이 생겼을 때 정상을 회복하기 위한 것이다. 다시 말하면 몸의 정상을 유지하기 위한 중요한 방어 체계의 하나인 것이다. 하지만 과도한 염증 반응은 오히려 백해무익하다. 많은 병의 원인이 되고 있으며 심하면 생명을 앗아가기도 한다. 마치 옛말에 빈대 잡으려다 집 태운다는 격이다. 외부로부터 침입을 막거나 하나의 조직세포 내의 잘못을 회복하려다가 오히려 생명체 전체를 망가뜨릴 수 있는 것이다. 과도한 염증 반응은 극단적으로 Iinflammatory Bowel disease,

크론스병 등 장에 심한 통증을 유발하는 병을 일으키는데 때로는 장을 절단해야 하는 경우도 있다. 다른 극단적 예는 박테리아의 전신 감염에서 오는 Septic shock(TNF의 과다 생산) 반응인데 무서운 증상으로서 많은 경우 사망하게 된다. 물론 우리 몸엔 이런 과다한 면역 반응을 하향 조절하는 장치가 있다. Treg라는 T 임파구가 과다한 면역 반응을 전적으로 하향 조절하는 세포이다. 이것은 간접적으로 특별한 Cytokine을 분비해 면역 반응에 관여하는 세포의 증식 및 기능을 하향 조절하든가, 아니면 직접적으로 면역세포와 작용해 보유하고 있는 CTLA-4, PD-1를 통해 면역 반응을 하향 조절한다. 그런데 대부분의 경우가 그러하듯이 생물학자들은 발견한 생물학적 원리를 파악하는 데 만족하지 않고 인류의 복지를 증진시키는 데 적용한다. Treg 세포에 관해서도 이를 세포치료제로 개발함으로써 과다 면역 반응과 관련한 다양한 질병을 치료하는 데 활용할 가능성이 높다. 몇 가지 예를 들면 류마티스성 관절염, 당뇨병, 장염(Inflammatory bowel disease), 장기이식 후 거부 반응 등과 심지어는 파킨슨병, 알츠하이머병, 심장병 등의 치료제로써 개발될 가능성이 눈앞에 다가오고 있으며 이미 임상실험에 진입했다. 또 다른 성격의 세포치료제는 특별한 B 임파구암 치료제로 2017년 2개의 제품이 미국 식약청으로부터 허가를 받았다.

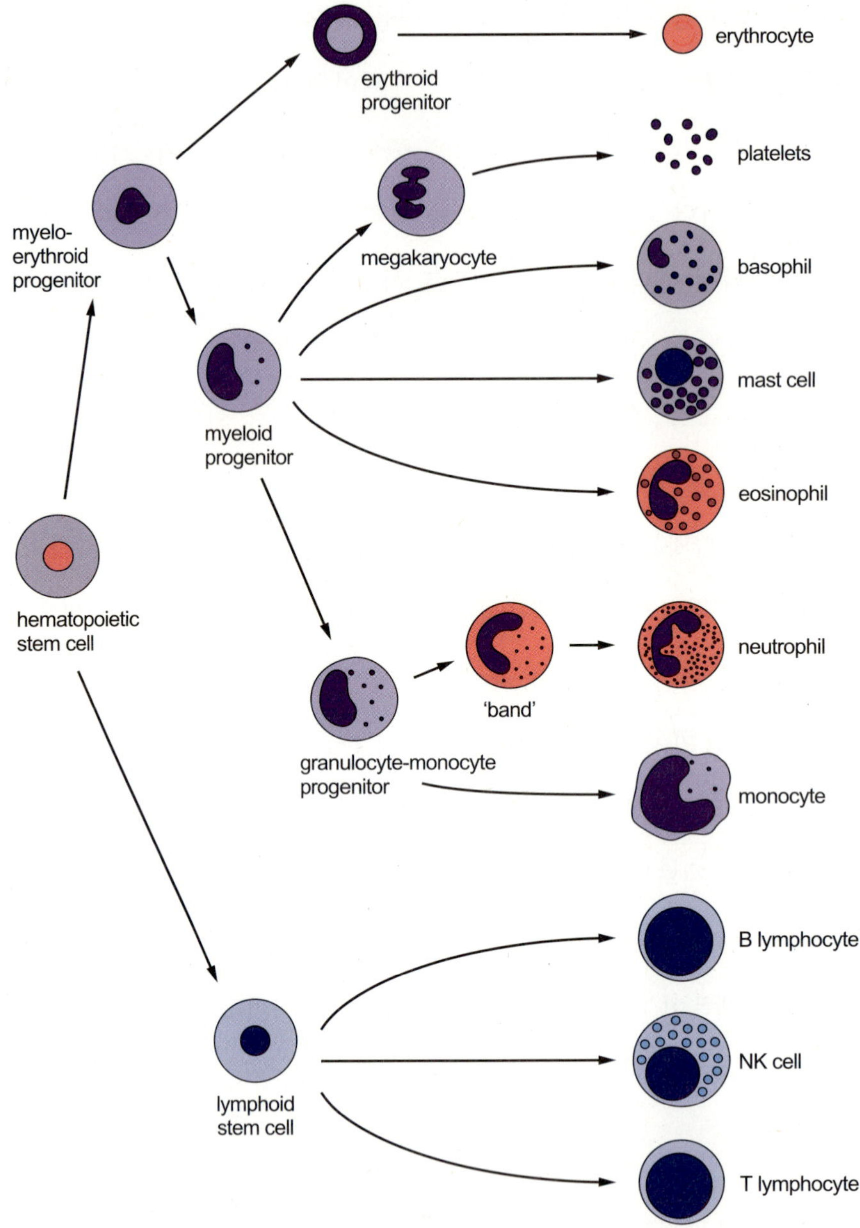

▲ 조혈세포 간(줄기) 세포에서부터 각종 면역 반응에 참여하는 세포로의 분화를 보여주는 모식도